国家电网
STATE GRID

国网湖北省电力公司
STATE GRID HUBEI ELECTRIC POWER COMPANY

U0655672

国网湖北省电力公司　组编

电网企业生产岗位技能操作规范

抄表核算收费员

中国电力出版社
CHINA ELECTRIC POWER PRESS

内 容 提 要

为提高电网企业生产岗位人员的技能水平和职业素质，国网湖北省电力公司根据国家职业技能标准及电力行业职业技能鉴定指导书、国家电网公司技能培训规范等，组织编写了《电网企业生产岗位技能操作规范》。

本书为《抄表核算收费员》，主要规定了抄表核算收费员实施技能鉴定操作培训的基本项目，包括抄表核算收费员技能鉴定五、四、三、二级的技能项目共计51项，规范了各级别抄表核算收费员的实训，统一了抄表核算收费员的技能鉴定标准。

本书可作为从事抄表核算收费人员职业技能鉴定的指导用书，也可作为抄表核算收费人员技能操作培训教材。

图书在版编目（CIP）数据

电网企业生产岗位技能操作规范. 抄表核算收费员/国网湖北省电力公司组编. —北京：中国电力出版社，2015.6（2022.4重印）
ISBN 978-7-5123-6602-2

Ⅰ. ①电… Ⅱ. ①国… Ⅲ. ①电网-工业生产-技术操作规程-湖北省②电能-电量测量-技术操作规程-湖北省 Ⅳ. ①TM-65

中国版本图书馆 CIP 数据核字（2014）第 234516 号

中国电力出版社出版、发行

（北京市东城区北京站西街 19 号 100005 http://www.cepp.sgcc.com.cn）
北京天宇星印刷厂印刷
各地新华书店经售

*

2015 年 6 月第一版 2022 年 4 月北京第五次印刷
710 毫米×980 毫米 16 开本 14.75 印张 280 千字
印数 9001—10000 册 定价 40.00 元

版 权 专 有 侵 权 必 究
本书如有印装质量问题，我社营销中心负责退换

《电网企业生产岗位技能操作规范》编委会

主　　任　尹正民

副 主 任　侯　春　周世平

委　　员　郑　港　蔡　敏　舒旭辉　刘兴胜

　　　　　张大国　刘秋萍　张　峻　刘　勇

　　　　　钱　江

《抄表核算收费员》编写人员

主　　编　舒旭辉

参编人员（按姓氏笔画排列）

　　　　　乔新国　刘启斌　齐维东　张劲萍

　　　　　李想想　彭娟娟

《抄表核算收费员》审定人员

主　　审　李劲松

参审人员（按姓氏笔画排列）

　　　　　刘　琪　杜晓兰　段燕霞　胡寒竟

序

现代企业的竞争，归根到底是人的竞争。人才兴，则事业兴；队伍强，则企业强。电网企业作为技术密集型和人才密集型企业，队伍素质直接决定了企业素质，影响着企业的改革发展。没有高素质的人才队伍作支撑，企业的发展就如无源之水，难以为继。

加强队伍建设，提升人员素质，是企业发展不可忽视的"人本投资"，是提高企业发展能力的根本途径。当前，世情国情不断发生变化，行业改革逐步深入，国家电网公司改革发展任务十分繁重。特别是随着"两个转变"的全面深入推进，"三集五大"体系逐步建成，坚强智能电网发展日新月异，对加强队伍建设提出了新的更高要求，迫切需要培养造就一支能适应改革需要、满足发展要求的优秀人才队伍。

世不患无才，患无用之之道。一直以来，"总量超员，结构性缺员"问题，始终是国家电网公司队伍建设存在的突出问题，也是制约国家电网公司改革发展的关键问题。如何破解这个难题，不仅需要我们在体制机制上做文章，加快构建内部人才市场，促进人员有序流动，优化人力资源配置；也需要我们在素质提升方面下功夫，加大员工教育培训力度，促进队伍素质提升，增强岗位胜任能力。这些年，国家电网公司坚持把员工教育培训工作作为"打基础、管长远"的战略任务，大力实施"人才强企"战略和"素质提升"工程，组织开展了"三集五大"轮训、全员"安规"普考、优秀班组长选训、农电用工普考等系列培训活动，实现了员工与企业的共同发展。

这次由国网湖北省电力公司统一组织编写、中国电力出版社出版发行的《电网企业生产岗位技能操作规范》丛书，针对高压线路带电检修、送电线路、配电线路、电力电缆等 17 个职业（工种）编写，就是为了规范生产经营业务操作，提高一线员工基础理论水平和基本技能水平。

本丛书内容丰富充实、说明详细具体，并配有大量的操作图例，具有较强的针对性和指导性。希望广大一线员工认真学习，常读、常看、常领会，把该书作为生产作业的工具书、示范书，切实增强安全意识，不断规范作业行为，努力把事情做规范、做正确，确保安全高效地完成各项工作任务，为推动国网湖北省电力公司和国家电网科学发展做出新的更大贡献。

寄望：春种一粒粟，秋收万颗子。

是为序。

国网湖北省电力公司总经理　尹正民

2014 年 3 月

编　制　说　明

根据国网湖北省电力公司下达的技能培训与考核任务，需要通过职业技能的培训与考核，引导企业员工做到"一专多能"并完成转岗、轮岗培训；更需要加强原来已实施多年、涉及多个工种的职业操作技能培训考核体系的系统性、连贯性和可操作性，从而引导员工的职业规划设计、辅助构建电网员工终身教育体系。湖北电力行业的各技能鉴定站/所应按照技能操作规范的要求，落实培训考核项目，统一考核标准，保证在电网企业内的培训与考核公开、公平、公正，提高培训与鉴定管理水平和管理效率，提高公司生产技能人员的素质。

本规范丛书依据电力行业职业技能鉴定指导书和国家电网公司企业标准Q/GDW 232—2008《国家电网公司生产技能人员职业能力培训规范》，以及国网湖北省电力公司针对企业员工生产技能岗位设置和岗位聘用原则等编写的电力行业主要工种的技能操作规范，提出并建立一套完整的可实施的生产技能人员技能培训与考核体系，用于国网湖北省电力行业各级职业技能鉴定的技能操作部分的培训与鉴定，保证技能人才评价标准的统一性。依据国家劳动和社会保障部所规定的国家职业资格五级分级法，以及现行电力企业生产技能岗位聘用资格的五级设置原则，本规范各工种分册培训与鉴定的分级按照五级编写。

一、技能操作项目分级原则

1. 依据考核等级及企业岗位级别

依据劳动和社会保障部规定，国家职业资格分为五个等级，从低到高依次为初级技能、中级技能、高级技能、技师和高级技师。其框架结构如下图所示。

初级工 (五级)	中级工 (四级)	高级工 (三级)	技师 (二级)	高级技师 (一级)

电网企业技能岗位按照五级设置

2. 各级培训考核项目设置

本规范丛书依据国网生产技能人员职业能力培训规范，制定了与职业技能等级相对应的技能操作培训考核五个级别的考核规范，系统地规定了各工种相应等级的技能要求，设置了与技能要求相适应的技能培训与考核内容、考核要求，使之完全公开、透明。其项目的设置充分考虑电网企业的实际需要，又按照国家职业技能等级予以分级设置，既能保证考核鉴定的独立性，又能充分发挥对培训的引领作用，具有很强的针对性、系统性、操作性。操作规范等级制定依据如下表。

电网企业各级职业技能等级能力

职业等级	职业技能能力
五级 （初级工）	适用于辅助作业人员、新进人员以及其他具有中级工以下职业资格人员，能够运用基本技能独立完成本职业的常规工作
四级 （中级工）	能够熟练运用基本技能独立完成本职业的常规工作，并在特定情况下，能够运用专门技能完成较为复杂的工作；能够与他人进行合作
三级 （高级工）	能够熟练运用基本技能和专门技能完成较为复杂的工作，包括完成部分非常规性工作；能够独立处理工作中出现的问题；能指导他人进行工作或协助培训一般操作人员
二级 （技师）	能够熟练运用基本技能和专门技能完成较为复杂的、非常规性的工作；掌握本职业的关键操作技能技术；能够独立处理和解决技术或工艺问题；在操作技能技术方面有创新；能组织指导他人进行工作；能培训一般操作人员；具有一定的管理能力
一级 （高级技师）	能够熟练运用基本技能和特殊技能在本职业的各个领域完成复杂的、非常规性的工作；熟练掌握本职业的关键操作技能技术；能够独立处理和解决高难度的技术或工艺问题；在技术攻关、工艺革新和技术改革方面有创新；能组织开展技术改造、技术革新和进行专业技术培训；具有管理能力

在项目设置过程中，对于部分项目专业技能能力项涵盖两个等级的项目，实施设置时将该技能项目作为两个项目共用，但是其考核要求与考核评分参考标准存在明显的区别。其中，《抄表核算收费员》《农网配电营业工》因国家职业资格未设一级（高级技师），因此本丛书中的这两个分册按照四级编制。

目前该职业技能能力四级涵盖五级；三级涵盖五、四级；二级涵盖五、四、三级；一级涵盖五、四、三、二级。

二、汇总表符号含义

技能操作项目汇总表所列操作项目，其项目编号由五位组成，具体表示含义如下：

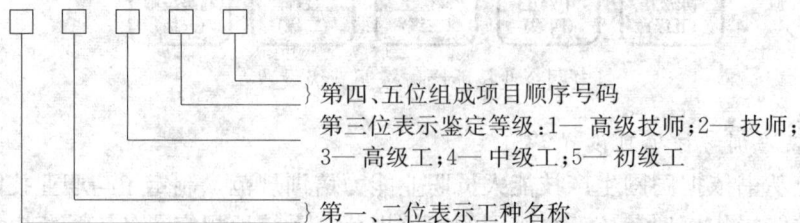

> 第四、五位组成项目顺序号码
> 第三位表示鉴定等级：1—高级技师；2—技师；
> 3—高级工；4—中级工；5—初级工
> 第一、二位表示工种名称

其中第一、二位表示具体工种名称为：DZ—高压线路带电检修工；SX—送电线路工；PX—配电线路工；DL—电力电缆工；BD—变电站值班员；BY—变压器检修工；BJ—变电检修工；SY—电气试验工；JB—继电保护工；JC—用电监察员；CH—抄表核算收费员；ZJ—装表接电工；XJ—电能表修校；BA—变电一次安装工；BR—变电二次安装工；FK—电力负荷控制员；P—农网配电营业工配电范围；Y—农网配电营业工营销范围。

三、使用说明

1. 技能操作项目鉴定实施方法

（1）申请五级（初级工）、四级（中级工）、三级（高级工）技能操作鉴定。学员已参加表中所列的本工种等级技能操作项目培训。

技能操作鉴定项目加权分为 100 分。在本人报考工种等级中，由考评员在本工种等级项目中随机抽取项目进行考核，考核项目数量必须满足各技能操作项目鉴定加权总分≥100 分。其选项过程须在鉴定前完成，一经确定，不得更改。

考核成绩为加权分 70 分及格。技能操作鉴定不及格的考生，可在次年内申请一次补考，由鉴定中心按照上述方法选择项目再次进行鉴定，原技能操作鉴定通过的成绩不予保留。

（2）申请二级（技师）、一级（高级技师）鉴定。申请学员应在获得资格三年后申报高一等级，其技能操作鉴定项目为二级（技师）、一级（高级技师）项目中，由考评员随机在项目中抽取，技能操作项目数满足鉴定加权总分≥100 分。其选项过程在鉴定前完成，一经确定不得更改。

考核成绩各项为 70 分及格。技能操作鉴定不及格的考生，二级（技师）可在次年内申请一次补考，由鉴定中心按照上述方法选择项目再次参加技能操作鉴定，原技能操作鉴定通过项目成绩不予保留。

申请一级、二级鉴定学员的答辩和业绩考核遵照有关文件规定执行。

2. 评分参考表相关名词解释

（1）含权题分：该项目在被考核人员项目中所占的比例值，如对于考核人员来讲，应达到考核含权分≥100 分，则表示对于含权分为 25 分的考核题，须至少考核 4 题。

（2）行为领域：d—基础技能；e—专业技能；f—相关技能。

（3）题型：A—单项操作；B—多项操作；C—综合操作。

（4）鉴定范围：部分工种存在不同的鉴定范围，如农网配电营业工的初级工和中级工存在配电和营销两个范围。高压带电作业和电力电缆等按照电力行业标准应分为输电和配电范围，但是按照国家电力行业职业技能鉴定标准没有区分范围，因此本规范丛书除了农网配电营业工外对各个操作考核项目没有划分鉴定范围，所以该项大部分为空。

目　录

一、操作

1. 工器具、材料、设备

（1）工器具：碳素笔（红、蓝或黑笔）、手电筒、计算器、低压试电笔、个人电工工具、梯子。

（2）材料：工作证件、抄表卡片、客户档案资料、业务工作单。

（3）设备：装有 5 块单相电能表的模拟抄表装置 1 台/工位。

2. 注意事项

（1）正确填用第二种工作票（工作前工作票已填）。

（2）工作服、安全帽、绝缘鞋符合 DL 409—1991《电业安全工作规程（电力线路部分）》要求。

（3）上门抄表主动出示证件，使用文明用语。

（4）使用试电笔测试电表箱等设备金属外壳不带电。

（5）抄表时应尽量避免人体接触设备外壳。

（6）使用梯子登高作业时，应有人扶持。

（7）发现客户违约用电，应做好记录，及时通知相关人员处理，不与客户发生冲突。

（8）抄表时应防止动物伤害。

（9）现场抄表时，应注意工作方式方法，维护供电企业形象。

3. 步骤与要求

（1）步骤。

1）领取抄表卡片，做好抄表准备。

2）在模拟抄表装置前进行手工现场抄表，共计 5 块单相电能表。

3）抄表时核对客户用电信息，信息错误时，做好记录，填写业务工作单。

4）规范准确的抄录电能表表码。

5）正确计算客户的用电量。

6）清理现场，文明作业。

（2）要求。

1）核对信息，按有效位数正确抄录电能表表码。

2）不得缺抄、漏抄、估抄。

3）出现抄录错误时应按营业规定正确处理。

4）对抄表现场客户信息进行判断，规范填写业务工作单。

二、考核

1．考核场地

（1）每组操作面积不小于 2000mm×2000mm，场地面积能同时容纳 4 组模拟抄表装置。

（2）每个工位配有考生书写桌椅。

（3）室内备有通电试验用的三相电源（有接地保护）4 处以上。

（4）设置 4 套评判桌椅和计时秒表。

2．考核要点

（1）准确抄录电能表表码。

（2）抄表卡填写规范。

（3）正确处理抄录错误。

（4）正确计算客户电量。

（5）对客户用电信息判断及处理。

（6）安全文明生产。

3．考核时间

（1）考核时间为 20min。

（2）考核前准备工作不计入考核总时间内。

（3）许可开工后开始计时，到时停止操作。

三、评分参考标准

行业：电力工程　　　　　　工种：抄表核算收费工　　　　　　等级：五

编号	CH501	行为领域	e	鉴定范围	
考核时间	20min	题型	A	含权题分	25
试题名称	单相居民照明现场抄表及用电信息核对				
考核要点及其要求	（1）准确抄录电能表表码。 （2）正确计算客户的电量。 （3）对客户的用电信息核对及处理。 （4）安全文明生产。 （5）独立、按时完成				

现场设备、工具、材料	(1) 工器具：碳素笔（红、蓝或黑笔）、手电筒、计算器、低压试电笔、个人电工工具、梯子。 (2) 材料：工作证件、抄表卡片、客户档案资料、业务工作单。 (3) 设备：装有 5 块单相电能表的模拟抄表装置 1 台/工位
备注	该项操作工作票已开，危险点预控措施已交代（已做）

<table>
<tr><td colspan="7" align="center">评分标准</td></tr>
<tr><td>序号</td><td>作业名称</td><td>质量要求</td><td>分值</td><td>扣分标准</td><td>扣分原因</td><td>得分</td></tr>
<tr><td>1</td><td>着装</td><td>正确佩戴安全帽、工作证，穿工作服绝缘鞋</td><td>5</td><td>(1) 未穿工作服扣 3 分。
(2) 未穿绝缘鞋扣 1 分。
(3) 未戴安全帽扣 1 分</td><td></td><td></td></tr>
<tr><td>2</td><td>现场抄表</td><td>正确完成现场表计的抄录工作</td><td>40</td><td>(1) 未按电能表有效位抄表，每户扣 2 分，共 5 户。
(2) 抄表错误，每户扣 6 分，共 5 户</td><td></td><td></td></tr>
<tr><td>3</td><td>电量计算</td><td>正确计算客户电量</td><td>30</td><td>电量计算不正确每户扣 6 分，共 5 户</td><td></td><td></td></tr>
<tr><td>4</td><td>抄表异常</td><td>准确核对客户信息并对异常进行处理</td><td>10</td><td>(1) 未发现信息错误，每处扣 6 分，共 1 处。
(2) 未正确处理信息错误，每处扣 4 分，共 1 处</td><td></td><td></td></tr>
<tr><td>5</td><td>抄录错误更正</td><td>出现抄录错误更正时，应用删除线（双横线）处理</td><td>5</td><td>未按规定处理，每处扣 2 分，扣完为止，不另扣分</td><td></td><td></td></tr>
<tr><td>6</td><td>填写业务工单</td><td>正确填写异常业务工单</td><td>5</td><td>未填写扣 5 分</td><td></td><td></td></tr>
<tr><td>7</td><td>安全文明生产</td><td>文明操作，禁止违规操作，不损坏工器具，不发生安全生产事故</td><td>5</td><td>(1) 有不安全行为扣总分 1 分。
(2) 有违规行为扣总分 3 分。
(3) 有损坏工器具行为扣总分 1 分</td><td></td><td></td></tr>
<tr><td colspan="2" align="center">考试开始时间</td><td></td><td colspan="2">考试结束时间</td><td colspan="2">合计</td></tr>
<tr><td colspan="2" align="center">考生栏</td><td colspan="3">编号：　　姓名：　　所在岗位：　　单位：</td><td colspan="2">日期：</td></tr>
<tr><td colspan="2" align="center">考评员栏</td><td colspan="3">成绩：　　考评员：</td><td colspan="2">考评组长：</td></tr>
</table>

单相居民电能表现场抄录及计量
装置异常处理

一、操作

1. 工器具、材料、设备

（1）工器具：蓝（黑）碳素笔、红色水性笔、手电筒、计算器、低压试电笔、个人电工工具、梯子。

（2）材料：工作证件、抄表卡片、客户档案资料、业务工作单。

（3）设备：装有 5 块单相电能表的模拟抄表装置 1 台/工位。

2. 注意事项

（1）正确填用第二种工作票（工作前工作票已填）。

（2）工作服、安全帽、绝缘鞋符合 DL 409—1991《电业安全工作规程（电力线路部分）》要求。

（3）上门抄表主动出示证件，使用文明用语。

（4）使用试电笔测试电表箱等设备金属外壳不带电。

（5）抄表时应尽量避免人体接触设备外壳。

（6）使用梯子登高作业时，应有人扶持。

（7）发现客户违约用电，应做好记录，及时通知相关人员处理，不与客户发生冲突。

（8）抄表时应防止动物伤害。

（9）现场抄表时，应注意工作方式方法，维护供电企业形象。

3. 步骤与要求

（1）操作步骤。

1）领取抄表卡片，做好抄表准备。

2）在模拟抄表装置前进行手工现场抄表，共计五块单相电能表。

3）抄表时对抄表现场计量装置故障进行判断，若有异常，做好记录，填写业务工作单。

4）规范准确的抄录电能表表码。

5）正确计算客户的用电量。

6）清理现场，文明作业。

（2）操作要求。

1）核对信息，按有效位数正确抄录电能表表码。

2）不得缺抄、漏抄、估抄。

3）出现抄录错误时应按营业规定正确处理。

4）对抄表现场计量装置异常情况进行判断，规范填写业务工作单。

二、考核

1. 考核场地

（1）每组操作面积不小于 2000mm×2000mm，场地面积能同时容纳 4 组模拟抄表装置。

（2）每个工位配有考生书写桌椅。

（3）室内备有通电试验用的三相电源（有接地保护）4 处以上。

（4）设置 4 套评判桌椅和计时秒表。

2. 考核要点

（1）准确抄录电能表表码。

（2）抄表卡填写规范。

（3）正确处理抄录错误。

（4）正确计算客户电量。

（5）对计量装置异常进行判断及处理。

（6）安全文明生产。

3. 考核时间

（1）考核时间为 20min。

（2）考核前准备工作不计入考核总时间内。

（3）许可开工后开始计时，到时停止操作。

三、评分参考标准

行业：电力工程　　　　　　　工种：抄表核算收费工　　　　　　　等级：五

编号	CH502	行为领域	e	鉴定范围	
考核时间	20min	题型	A	含权题分	25
试题名称	单相居民照明现场抄表及计量装置异常处理				
考核要点及其要求	(1) 准确抄录电能表表码。 (2) 对计量装置异常进行判断及处理。 (3) 安全文明生产。 (4) 独立、按时完成				
现场设备、工具、材料	(1) 工器具：蓝（黑）碳素笔、红色水性笔、手电筒、计算器、低压试电笔、个人电工工具、梯子。 (2) 材料：工作证件、抄表卡片、客户档案资料、业务工作单。 (3) 设备：装有 5 块单相电能表的模拟抄表装置 1 台/工位				
备注	该项操作工作票已开，危险点预控措施已交代（已做）				

			评分标准				
序号	作业名称	质量要求		分值	扣分标准	扣分原因	得分
1	着装	正确佩戴安全帽、工作证，穿工作服绝缘鞋		5	(1) 未穿工作服扣 3 分。 (2) 未穿绝缘鞋扣 1 分。 (3) 未戴安全帽扣 1 分		
2	现场抄表	正确完成现场表计的抄录工作		40	(1) 未按电能表有效位抄表，每户扣 2 分，共 5 户。 (2) 抄表错误，每户扣 6 分，共 5 户		
3	电量计算	正确计算客户电量		30	电量计算不正确每户扣 6 分，共 5 户		
4	抄表异常	查看表计是否报警，封印是否完好		10	(1) 未进行正常判断每处扣 6 分，共 1 处。 (2) 未正确处理扣 4 分，共 1 处		
5	抄录错误更正	出现抄录错误更正时，应用删除线（双横线）处理		5	未按规定处理，每处扣 2 分，扣完为止，不另扣分		
6	填写业务工单	正确填写异常业务工单		5	未填写扣 5 分		

					评分标准		
序号	作业名称	质量要求	分值	扣分标准		扣分原因	得分
7	安全文明生产	文明操作，禁止违规操作，不损坏工器具，不发生安全生产事故	5	（1）有不安全行为扣总分1分。 （2）有违规行为扣总分3分。 （3）有损坏工器具行为扣总分1分			
考试开始时间				考试结束时间		合计	
考生栏	编号：	姓名：		所在岗位：	单位：	日期：	
考评员栏	成绩：	考评员：			考评组长：		

居民生活阶梯电价客户电量电费计算

一、操作

1. 工器具、材料、设备

（1）工器具：碳素笔（红、蓝或黑笔）、计算器。

（2）材料：答题试卷、电价表、白纸。

（3）设备：桌椅 1 套/工位。

2. 注意事项

（1）考前出示证件，遵守考场规定。

（2）着装整洁，准考证、身份证齐全。

（3）按时独立完成。

3. 步骤与要求

（1）步骤。

1）根据给定条件：选择该户正确电价类别，计算电量和电费。

2）列式计算：

$$总电量(kWh)＝(止码－起码)×倍率$$

3）计算各级分挡电量：

第一挡电量＝180（kWh）（注：180kWh 为第一挡分挡标准）

第二挡电量＝（400－180）＝220（kWh）（注：181～400kWh 为第二挡分挡标准）

第三挡电量＝抄见总电量－400（kWh）（注：400kWh 以上为第三挡分挡标准）

4）计算分挡电费、合计电费：

$$基础电费＝总用电量×基础电价$$

第二挡递增电费＝第二挡电量×0.05（元）

第三挡递增电费＝第三挡电量×0.3（元）

合计电费＝基础电费＋二挡、三挡递增电费（元）

5）关于阶梯电价政策规定了解：2012 年 8 月抄见电量起，对"一户一表"直抄到户的城乡居民用户实行居民阶梯电价政策。

a. 阶梯分挡是每月每户：第一挡电量为 0～180kWh，第二挡电量为 181～400kWh，第三挡电量为 401kWh 及以上。

b. 第一挡电量的电价保持现行电价标准不变；第二挡电量的电价比基础电价提高 0.05 元；第三挡电量的电价比基础电价提高 0.3 元。

（2）要求。

1）现场工作服，着装整洁，准考证、身份证齐全。

2）按时独立完成。

3）依据题意，电价选择正确，计算正确，错误数据使用划红线更正法进行更正。

（3）范例。某公变台区"一户一表"居民用户抄表日程为每月 8 日抄表，其 2013 年 11 月 8 日和 12 月 8 日抄表的表码分别为 002405、003116，倍率为 1，请计算该用户 12 月电费为多少？电价表（节选）见表 CH503。

表 CH503 　　　　　　　　　　　　电价表（节选）

用电类别		电度电价	农网低压维护费	大中型水库移民后期扶持资金	地方水库移民后期扶持资金	可再生能源	农网改造还贷基金	城镇附加	销售电价
居民生活用电	不满 1kV	0.5094	0.0188	0.0083	0.0005	0.001	0.02	0.015	0.5730
	1～10kV	0.4994	0.0188	0.0083	0.0005	0.001	0.02	0.015	0.5630

解：总电量＝003116－002405＝711（kWh）

第一挡电量＝180（kWh）（注：180kWh 为第一挡分挡标准）

第二挡电量＝400－180＝220（kWh）（注：181～400kWh 为第二挡分挡标准）

第三挡电量＝711－400＝311（kWh）（注：400kWh 以上为第三挡分挡标准）

基础电费＝总用电量×基础电价＝711×0.573＝407.40（元）

第二挡递增电费＝第二挡电量×0.05＝220×0.05＝11（元）

第三挡递增电费＝第三挡电量×0.3＝311×0.3＝93.3（元）

合计电费＝407.40＋11＋93.3＝511.70（元）

答：该用户 12 月电费为 511.70 元。

二、考核

1. 考核场地

(1) 每个工位场地面积 2000mm×2000mm，可容纳 4 各工位同时操作。

（2）每个工位配有考生书写桌椅。

（3）设置 4 套评判桌椅和计时秒表。

2．考核要点

（1）列式计算、步骤清晰，算费依据正确。

（2）总抄见电量和各时段分挡电量计算正确。

（3）选择电价正确，计算分挡电费、合计电费正确。

（4）答题规范，单位正确。

（5）安全文明生产、按时独立完成。

3．考核时间

（1）考核时间为 30min。

（2）许可答题时开始计时，到时停止操作。

三、评分参考标准

行业：电力工程　　　　　　工种：抄表核算收费工　　　　　　等级：五

编号	CH503	行为领域	e	鉴定范围	
考核时间	30min	题型	A	含权题分	25
试题名称	居民生活（月）阶梯电价客户电量电费计算				
考核要点及其要求	（1）列式计算、步骤清晰、算费依据正确。 （2）计算总抄见电量和各分挡电量正确。 （3）选择电价正确，计算分挡电费、合计电费正确。 （4）答题规范，单位正确。 （5）安全文明生产、按时独立完成				
现场设备、工具、材料	（1）工器具：碳素笔（红、蓝或黑笔）、计算器。 （2）材料：答题试卷、电价表、白纸。 （3）设备：桌椅 1 套/工位				
备注					

序号	作业名称	质量要求	分值	扣分标准	扣分原因	得分
			评分标准			
1	业务依据正确	居民用户阶梯分挡电量正确	3	各挡分级电量标准错误扣 1 分，合计 3 分		

		评分标准				
序号	作业名称	质量要求	分值	扣分标准	扣分原因	得分
2	电量电费的计算与审核	正确计算抄见电量	35	（1）未正确计算总电量，扣10分。 （2）未正确计算各分挡电量，每挡扣10分，合计30分		
3		正确计算各挡阶梯电费	40	（1）未正确计算基础电费，扣15分，其中列式错误扣10分，计算错误扣5分。 （2）未正确计算第二挡递增电费，扣15分，其中列式错误扣10分，计算错误扣5分。 （3）未正确计算第三挡递增电费，扣15分，其中错误扣10分，计算错误扣5分		
		正确计算合计电费	10	未正确计算合计电费，扣10分		
4		规范答题	2	未规范答题，单位不完整，扣2分		
5	安全文明生产	文明操作，禁止违规操作，不损坏工器具，不发生安全生产事故	10	（1）有不安全行为扣总分1～5分。 （2）有违规行为扣总分1～5分。 （3）有损坏工器具行为扣总分1～5分		

考试开始时间				考试结束时间		合计
考生栏		编号：	姓名：	所在岗位：	单位：	日期：
考评员栏		成绩：	考评员：		考评组长：	

居民生活（合表）客户电量电费计算

一、操作

1. 工器具、材料、设备

（1）工器具：碳素笔（红、蓝或黑笔）、计算器。

（2）材料：答题试卷、电价表、白纸。

（3）设备：桌椅1套/工位。

2. 注意事项

（1）考前出示证件，遵守考场规定。

（2）着装整洁，准考证、身份证齐全。

（3）按时独立完成。

3. 步骤与要求

（1）步骤。

1）根据给定条件：判断该户是居民用户还是合表用户。选择该户正确电价类别，计算电量和电费。合表用户不用分挡计算电量。

2）居民生活电价合表用户计算公式：总电量（kWh）＝（止码－起码）×倍率。

3）计算电费：电度电费＝总用电量×合表目录电度电价（元）。

4）代征电费：代征收电费＝总用电量×各项代征合价（元）。

5）计算合计电费：合计电费＝电度电费＋代征款合计（元）。

6）居民生活电价的相关规定了解：鄂价环资规〔2011〕156号《省物价局关于居民住宅生活设施用电价格的通知》从2011年12月20日抄见电量起，居民住宅小区生活设施用电按照居民生活用电价格执行。对居民合表用户在电度电价的基础上调0.22元。

（2）要求。

1）现场工作服，着装整洁，准考证、身份证齐全。

2）按时独立完成。

3）依据题意，电价选择正确，计算正确，错误数据使用划红线更正法进行更正。

（3）范例。

某居民小区物业路灯用电，2014 年 1 月 14 日和 2 月 14 日抄表的表码分别为 04005、04916，倍率为 1，请计算该用户 2 月电量电费为多少？其中电度电费、代征电费分别是多少？电价表（节选）见表 CH504。

表 CH504　　　　　　　　　　　电价表（节选）　　　　　　　　　　单位：元

用电类别		电度电价	农网低压维护费	大中型水库移民后期扶持资金	地方水库移民后期扶持资金	可再生能源	农网改造还贷基金	城镇附加	销售电价
居民合表用电	不满 1kV	0.5314	0.0188	0.0083	0.0005	0.001	0.02	0.015	0.5950
	1~10kV 及以上	0.5214	0.0188	0.0083	0.0005	0.001	0.02	0.015	0.5850

解：该户为小区物业照明用电，应执行低压居民生活合表电价，电度电价为 0.5314 元，销售电价合计为 0.595 元。

$$总电量＝4916－4005＝911（kWh）$$
$$该户电度电费＝总用电量×电度电价＝911×0.5314＝484.11（元）$$
$$总代征收电费＝总用电量×各项代征收电价$$
$$其中 6 项代征收电价＝0.0188＋0.0083＋0.0005＋0.001＋0.02＋0.015$$
$$＝0.0636（元）$$
$$该户代征收电费＝911×0.0636＝57.94（元）$$
$$该户合计电费＝484.11＋57.94＝542.05（元）$$

答：该用户 2 月电费为 542.05 元。

二、考核

1. 考核场地
（1）每个工位场地面积 2000mm×2000mm，可容纳 4 个工位同时操作。
（2）每个工位配有考生书写桌椅。
（3）设置 4 套评判桌椅和计时秒表。

2. 考核要点
（1）判断正确、列式计算、步骤清晰，算费依据正确。
（2）正确计算电量电费如抄见电量、电度电费、代征电费、合计电费等。
（3）答题规范，单位正确。

（4）文明、按时独立完成。

3. 考核时间

（1）考核时间为 30min。

（2）许可答题时开始计时，到时停止操作。

三、评分参考标准

行业：电力工程　　　　工种：抄表核算收费工　　　　等级：五

编号	CH504	行为领域	e	鉴定范围	
考核时间	30min	题型	A	含权题分	30
试题名称	居民生活合表用户电量电费核算				
考核要点及其要求	（1）电价选择正确、列式计算、步骤清晰、算费依据正确。 （2）正确计算电量电费，如抄见电量、电度电费、代征电费、合计电费等。 （3）答题规范，单位正确。 （4）安全文明生产、按时独立完成				
现场设备、工具，材料	（1）工器具：碳素笔（红、蓝或黑笔）、计算器。 （2）材料：试卷、电价表、功率因数调整电费比例对照表、变压器损耗电量查对表、白纸。 （3）设备：桌椅1套/工位				
备注					

		评分标准					
序号	作业名称	质量要求	分值	扣分标准	扣分原因	得分
1	居民合表用户性质	判断为居民合表用电性质正确	3	未判断为居民合表用户扣3分		
2	电量电费的计算与审核	正确计算抄见电量	30	（1）业务算费依据不正确，扣20分。 （2）未正确计算总电量，扣10分		

継续表

续表

		评分标准				
序号	作业名称	质量要求	分值	扣分标准	扣分原因	得分
3	电量电费的计算与审核	正确计算电量电费	50	（1）未正确列出电费计算公式，每栏扣 10 分，合计 20 分。 （2）未正确计算电度电费，扣 10 分。 （3）未正确计算代征电价，扣 10 分。 （4）未正确计算代征电费，扣 10 分		
		正确计算合计电费	15	未正确计算合计电费，扣 15 分		
4		规范答题	2	未规范答题，单位不完整，扣 2 分		
考试开始时间				考试结束时间	合计	
考生栏	编号：	姓名：		所在岗位：	单位：	日期：
考评员栏	成绩：	考评员：			考评组长：	

一、操作

1. 工器具、材料、设备

（1）工器具：碳素笔（红、蓝或黑笔）、计算器。

（2）材料：答题试卷、电价表、功率因数调整电费比例对照表、白纸。

（3）设备：桌椅 1 套/工位。

2. 注意事项

（1）考前出示证件，遵守考场规定。

（2）着装整洁，准考证、身份证齐全。

（3）按时独立完成。

3. 步骤与要求

（1）步骤。

1）根据给定条件：列公式计算。

$$\cos\varphi=\frac{1}{\sqrt{1+\left(\dfrac{Q}{P}\right)^2}}$$

2）或者用计算功率因数比值计算：公式 $\tan\varphi=$ 总无功电量/总有功电量。

3）通过功率因数调整电费率表，查出实际功率因数。

4）判断功率因数是否正确。

5）规范答题，单位用文字或字母正确表示。

6）清理现场，文明作业。

（2）要求。

1）现场工作服，着装整洁，准考证、身份证齐全。

2）按时独立完成，计算步骤清晰。

3）正确查表或计算月功率因数，错误数据使用划红线更正法进行更正。

（3）范例。

某高压非工业用户采用 10kV 供电，受电变压器为 200kVA，本月有功电量

38 400kWh，无功电量 16 128kvarh，$\cos\varphi=0.90$，请核算该户月功率因数。功率因数表（节选）见表 CH505。

表 CH505　　　　　　　　　　**功率因数表（节选）**

功率因数表比值（$\tan\varphi$）	功率因数（%）	表一 电费调整（%）	表二 电费调整（%）	表三 电费调整（%）
0.000～0.100	100	−0.75	−1.1	−1.3
0.101～0.175	99	−0.75	−1.1	−1.3
0.176～0.227	98	−0.75	−1.1	−1.3
0.228～0.271	97	−0.75	−1.1	−1.3
0.272～0.310	96	−0.75	−1.1	−1.3
0.311～0.346	95	−0.75	−1.1	−1.3
0.347～0.379	94	−0.6	−1.1	−1.3
0.38～0.41	93	−0.45	−0.95	−1.3
0.411～0.440	92	−0.3	−0.8	−1.3
0.441～0.47	91	−0.15	−0.65	−1.15
0.471～0.498	90	0	−0.5	−1
0.499～0.526	89	0.5	−0.4	−0.9
0.527～0.553	88	1	−0.3	−0.8
0.554～0.580	87	1.5	−0.2	−0.7
0.581～0.606	86	2	−0.1	−0.6
0.607～0.632	85	2.5	0	−0.5
0.633～0.658	84	3.0	0.5	−0.4
0.659～0.685	83	3.5	1	−0.3
0.686～0.710	82	4	1.5	−0.2
0.711～0.736	81	4.5	2	−0.1
0.737～0.762	80	5	2.5	0

答：根据公式 $\cos\varphi=\dfrac{1}{\sqrt{1+\left(\dfrac{Q}{P}\right)^2}}$，将无功和有功电量分别代入，得 $\cos\varphi=0.92$

或用公式 $\tan\varphi=$ 总无功电量/总有功电量 $=Q/P=16\ 128/38\ 400=0.42$，经查表得该户实际功率因数 $\cos\varphi=0.92$。

经核算可知原题给出 $\cos\varphi=0.90$ 不正确，应为 0.92。

答：该户月功率因数应为 0.92。

二、考核

1. 考核场地

（1）每个工位场地面积 2000mm×2000mm，可容纳 4 个工位同时操作。

（2）每个工位配有考生书写桌椅。

（3）设置 4 套评判桌椅和计时秒表。

2. 考核要点

（1）列式计算、步骤清晰，公式正确。

（2）计算功率因数比值或通过查表法计算客户实际功率因数，判断功率因数是否正确。

（3）答题规范，单位正确。

（4）安全文明生产、按时独立完成。

3. 考核时间

（1）考核时间为 30min。

（2）许可答题时开始计时，到时停止操作。

三、评分参考标准

行业：电力工程　　　　　工种：抄表核算收费工　　　　　等级：五

编号	CH505	行为领域	e	鉴定范围	
考核时间	30min	题型	A	含权题分	25
试题名称	客户月功率因数核算				
考核要点及其要求	（1）列式计算、步骤清晰、公式正确。 （2）计算功率因数比值或通过查表法计算客户实际功率因数，判断功率因数是否正确。 （3）答题规范，单位正确。 （4）安全文明生产、按时独立完成				
现场设备、工具、材料	（1）工器具：碳素笔（红、蓝或黑笔）、计算器。 （2）材料：答题试卷、电价表、功率因数调整电费比照表、白纸。 （3）设备：桌椅 1 套/工位				
备注：本题可采用两种方式计算功率因数，故采用其中任意一种方式计算正确均可					

评分标准							
序号	作业名称		质量要求	分值	扣分标准	扣分原因	得分
1	求功率因数值	用公式求值	$\cos\varphi = \dfrac{1}{\sqrt{1+\left(\dfrac{Q}{P}\right)^2}}$	30	公式引用错误，扣30分		
2		查表求值	正确计算功率因数值 $\tan\varphi$	30	（1）未正确列出计算公式，每栏扣20分。（2）未正确计算 $\tan\varphi$ 值，扣10分		
3			正确查表得该户实际功率因数 $\cos\varphi$	10	查表不正确，扣10分		
4	审核判断正确		正确判断功率因数值	10	未判断出错误，扣10分		
5	规范答题		答题完整规范	10	未规范答题，扣10分		
6	安全文明生产		文明操作，禁止违规操作，不损坏工器具，不发生安全生产事故	10	（1）有不安全行为扣总分1～5分。（2）有违规行为扣总分1～5分。（3）有损坏工器具行为扣总分1～5分		
考试开始时间				考试结束时间		合计	
考生栏		编号： 姓名：		所在岗位：	单位：	日期：	
考评员栏		成绩： 考评员：			考评组长：		

19

一、操作

1. 工器具、材料、设备

(1) 工器具：碳素笔（红、蓝或黑笔）、计算器。

(2) 材料：答题试卷、电价表、功率因数调整电费比照表、变压器损耗电量查对表、白纸。

(3) 设备：桌椅1套/工位。

2. 注意事项

(1) 考前出示证件，遵守考场规定。

(2) 着装整洁，准考证、身份证齐全。

(3) 按时独立完成。

3. 步骤与要求

(1) 步骤。

1) 根据给定条件：选择该户正确电价类别。

2) 列式计算，总用电量（kWh）＝（止码－起码）×倍率（该题无变损、线损电量）。

3) 计算电费：选择电价正确，公式为电度电费（元）＝总用电量×电度电价。

4) 代征电费：代征电（元）费＝总用电量×各项代征电价。

5) 合计电费：合计电费（元）＝电度电费＋代征电费。

6) 营业规定：一般工商业及其他用电包括商业用电、非居民照明用电、非工业用电和普通工业用电。

(2) 要求。

1) 现场工作服，着装整洁，准考证、身份证齐全。

2) 按时独立完成。

3) 依据题意，电价选择正确，计算正确，错误数据使用划红线更正法进行更正。

（3）范例。

某居民小区一餐馆 380V 供电。已知该户抄表日程为每月 10 日抄表，其 2014 年 2 月 10 日和 3 月 10 日抄表的表码分别为 086000、086167，倍率为 20 倍，请计算该用户 3 月电量电费为多少？其中电度电费，代征电费分别是多少？电价表（节选）见表 CH506。

表 CH506　　　　　　　　　电价表（节选）　　　　　　　　单位：元

用电类别		电度电价	农网低压维护费	大中型水库移民后期扶持资金	地方水库移民后期扶持资金	可再生能源	农网改造还贷基金	城镇附加	销售电价
一般工商业及其他用电	不满 1kV	0.9074	0.0188	0.0083	0.0005	0.015	0.02	0.013	0.9830
	1～10kV	0.8874	0.0188	0.0083	0.0005	0.015	0.02	0.013	0.9630

解：该户的用电性质属于商业用电，应执行一般工商业及其他用电类别的电价，因是 380V 供电，其电度电价为 0.9074 元，销售电价合计为 0.983 元。

总电量＝（86 167－86 000）×20＝167×20＝3340（kWh）

电度电费＝总用电量×电度电价＝3340×0.9074＝3030.72（元）

总代征收电费＝总用电量×各项代征收电价

6 项代征收电价＝0.0188＋0.0083＋0.0005＋0.015＋0.02＋0.013＝0.0756（元）

代征收电费＝3340×0.0756＝252.50（元）

合计电费＝3030.72＋252.50＝3283.22（元）

答：该用户 3 月电费为 3283.22 元。

二、考核

1. 考核场地

（1）每个工位场地面积 2000mm×2000mm，可容纳 4 各工位同时操作。

（2）每个工位配有考生书写桌椅。

（3）设置 4 套评判桌椅和计时秒表。

2. 考核要点

（1）列式计算、步骤清晰，选择电价正确。

（2）计算公式正确。

（3）电量电费计算，代征电费、合计电费计算正确。

（4）答题规范，单位正确。

(5) 安全文明生产、按时独立完成。

3. 考核时间

(1) 考核时间为 30min。

(2) 许可答题时开始计时，到时停止操作。

三、评分参考标准

行业：电力工程　　　　　　工种：抄表核算收费工　　　　　　等级：五

编号	CH506	行为领域	e	鉴定范围	
考核时间	30min	题型	A	含权题分	25
试题名称	一般工商业用户电量电费核算				
考核要点及其要求	(1) 选择电价正确、列式计算、步骤清晰、算费依据正确。 (2) 计算各级电量电费如抄见电量、电度电费、代征电费、合计电费等。 (3) 公式正确。 (4) 答题规范，单位正确。 (5) 安全文明生产、按时独立完成				
现场设备、工具、材料	(1) 工器具：(红、蓝或黑笔)、计算器。 (2) 材料：答题试卷、电价表、功率因数调整电费比照表、变压器损耗电量查对表、白纸。 (3) 设备：桌椅 1 套/工位				
备注					

评分标准

序号	作业名称	质量要求	分值	扣分标准	扣分原因	得分
1	电价选择正确	该户的用电性质属于商业用电，应执行一般工商业及其他用电类别的电价	10	未正确选择电价扣10分		
2	电量计算正确	正确计算总电量	20	(1) 计算公式不正确，扣10分。 (2) 总电量计算结果不正确，扣10分		
3	电费计算正确	正确计算电度电费	20	(1) 计算公式不正确，扣10分。 (2) 电度电费计算结果不正确，扣10分		

						评分标准	

序号	作业名称	质量要求	分值	扣分标准	扣分原因	得分
4	电费计算正确	正确计算代征收款	30	（1）计算公式不正确，扣10分。 （2）代征电价合计不正确，扣10分。 （3）未正确计算代征电费，扣10分		
5		正确计算合计电费	8	未正确计算合计电费，扣8分		
6	规范答题	规范答题	2	未规范答题，单位不完整，扣2分		
7	安全文明生产	文明操作，禁止违规操作，不损坏工器具，不发生安全生产事故	10	（1）有不安全行为扣总分1～5分。 （2）有违规行为扣总分1～5分。 （3）有损坏工器具行为扣总分1～5分		
考试开始时间				考试结束时间		合计
考生栏	编号：	姓名：		所在岗位：	单位：	日期：
考评员栏	成绩：	考评员：			考评组长：	

CH507 电能表误差超过规定范围时电量、电费退补

一、操作

1. 工器具、材料、设备

(1) 工器具：碳素笔（红、蓝或黑笔）、计算器。

(2) 材料：答题试卷、电价表、白纸、电能表校验单1份、业务工作单。

(3) 设备：桌椅1套/工位。

2. 注意事项

(1) 考前出示证件，遵守考场规定。

(2) 着装整洁，准考证、身份证齐全。

3. 步骤与要求

(1) 步骤。

1) 列出退补电量计算公式：应退补电量 $=\dfrac{\text{错误电量}}{1+\text{实际误差（±\%）}}\times\text{实际误差（±\%）}$。

2) 根据电能表校验单确定电能表误差值。

3) 将电能表校验误差代入公式。

4) 计算退补电量。

注：根据校表结果，计算值为正时应退还电量，计算值为负时应补收电量。

5) 根据退补电量和电价计算退补电费。

电费＝实际退补电量×目录电价。

6) 合计应退补电费＝电度电费＋代征款。

7) 下达退补电量电费业务工作单。

(2) 要求。

1) 互感器或电能表误差超出允许范围时以"0"误差为基准按验证后的误差值退补电量。

2) 已知电能表误差起始时间，应取该段时间内全部电量。

3) 根据《供电营业规则》规定：电能表误差时间迄止不准时，按安装或上次校验至错误更正之日止1/2时间退补电量。

（3）范例。

一低压居民用户 2012 年 5 月 10 装表接电，抄表例日为每月 10 日，在 2013 年 4 月抄表时，对其电能表进行现场校验，校验结果电能表慢 20％，自装表之日起客户已用电 2000kWh。计算退补、电费、电量（低压居民目录电价 0.5094 元/kWh，补收电价 0.0606 元/kWh）。

解：应退补电量$=\dfrac{错误电量}{1+实际误差（\pm\%）}\times$实际误差（$\pm\%$）

确定电能表误差值：-20%。

将电能表校验误差代入公式

$$应退补电量=\dfrac{2000}{1+(-20\%)}\times(-20\%)=\dfrac{-400}{0.8}=-500（kWh）$$

电能表误差时间迄止不准时，按 1/2 时间补收电量，

实际补收电量$=500\times0.5=250$（kWh）

电费$=250\times0.5094$元$=127.35$（元）

补收代征款：$250\times0.0606=15.15$（元）

合计电费：$127.35+15.15=142.50$（元）

答：该低压居民用户应补电量 250kWh，补交电费 142.50 元。

二、考核

1. 考核场地

（1）每个工位场地面积 2000mm×2000mm，可容纳 4 个工位同时操作。

（2）每个工位配有考生书写桌椅。

（3）设置 4 套评判桌椅和计时秒表。

2. 考核要点

（1）误差判断正确。

（2）计算依据正确。

（3）电量、电费结论正确。

（4）正确完整答题。

3. 考核时间

（1）考核时间为 20min。

（2）许可答题时开始计时，到时停止操作。

三、评分参考标准

行业：电力工程　　　　　　　工种：抄表核算收费工　　　　　　　等级：五

编号	CH507	行为领域	e	鉴定范围	
考核时间	20min	题型	A	含权题分	30
试题名称	电能表误差超过规定范围时电量、电费退补				
考核要点及其要求	(1) 给定条件：按上述给定的数据进行答题，正确计算退补电量、电费。 (2) 每步计算结果，均保留两位小数。 (3) 列出相应的计算公式，然后代入数据计算出结果。 (4) 正确陈述计算结果。 (5) 试卷干净、整洁。 (6) 独立、按时完成				
现场设备、工器具、材料	(1) 工器具：碳素笔（红、蓝或黑笔）、计算器。 (2) 材料：答题试卷、电价表、白纸、电能表校验单1份、业务工作单。 (3) 设备：桌椅1套/工位				
备注					

评分标准

序号	作业名称	质量要求	分值	扣分标准	扣分原因	得分
1	公式	正确列出误差计算公式	20	公式引用错误，扣20分		
2	误差	误差判断	5	判断错误扣5分		
3	误差电量计算	正确计算退补电量	25	(1) 无计算过程扣10分。 (2) 结果错扣15分		
4	应补收电量	(1) 根据《供电营业规则》规定，电能表误差时间迄止不明时，按1/2时间补收电量。 (2) 实际补收电量计算正确	20	(1) 依据错扣10分。 (2) 补收电量错扣10分		
5	确定电价	(1) 正确电度电价表选择电价。 (2) 正确计算代征款合价	10	(1) 电价错扣5分。 (2) 代征款电价错扣5分		
6	补收电费	补收电费计算正确	5	(1) 结论错扣5分。		
7	代征款	补收代征款计算正确	5	(2) 结论错扣5分		
8	合计电费	合计电费计算正确	5	结论错扣5分		
9	正确完整答题	正确完整答题	5	未正确完整答题扣5分		
考试开始时间			考试结束时间		合计	
考生栏	编号：	姓名：	所在岗位：	单位：	日期：	
考评员栏	成绩：	考评员：		考评组长：		

一、操作

1. 工器具、材料、设备

（1）工器具：碳素笔（红、蓝或黑笔）、计算器。

（2）材料：工作证件、业务工作单、现金交款单如图 CH508 所示。

（3）设备：SG186 营销业务模拟系统、计算机 1 台/工位。

××××银行
现　金　交　款　单

币别：　　　　　　年　　月　　日　　　　　流水号：

单位填写	收款单		交款人								第一联银行记账凭证
	账号		款项来源								
	（大写）										
银行确认栏											
	现金回单（无银行打印记录及银行签章此章无效）										

复核　　　　　　　　　　　录入　　　　　　　　　　出纳

图 CH508　现金交款单

2. 注意事项

确保资金安全。

3. 步骤与要求

（1）步骤。

1）根据分配的工号和密码，登录 SG186 营销业务模拟系统。

2）在 SG186 营销业务模拟系统内，对某户以现金方式收取 500 元，不设找零，并描述现金收费注意事项。

3）填写现金交款单，将当日所收的 500 元现金存入公司电费资金专用账户。其中，交款人为考生考号，收款单位为湖北省电力公司××××供电公司，账号为××××。

4）清理现场，文明作业。

（2）要求。

1）在 SG186 营销业务模拟系统内，完成现金收费操作。

2）填写现金交款单。

二、考核

1. 考核场地

（1）每组操作面积不小于 2000mm×2000mm，场地面积能同时容纳 4 组计算机。

（2）每个工位配有考生书写桌椅。

（3）室内备有通电试验用的三相电源（有接地保护）4 处以上。

（4）设置 4 套评判桌椅和计时秒表。

2. 考核要点

（1）现金收费及注意事项正确。

（2）正确填写现金交款单。

（3）安全文明生产。

3. 考核时间

（1）考核时间为 15min。

（2）考核前准备工作不计入考核总时间内。

（3）许可开工后开始计时，到时停止操作。

三、评分参考标准

行业：电力工程　　　　　　工种：抄表核算收费工　　　　　　等级：五

编号	CH508	行为领域	e	鉴定范围	
考核时间	15min	题型	A	含权题分	20
试题名称	SG186 现金收费及注意事项				
考核要点及其要求	（1）现金收费及注意事项正确。 （2）正确填写现金交款单。 （3）安全文明生产。				

现场设备、工具、材料	（1）工器具：碳素笔（红、蓝或黑笔）、计算器。 （2）材料：工作证件、业务工作单、现金交款单。 （3）设备：SG186营销业务模拟系统、计算机1台/工位
备注	

评分标准

序号	作业名称	质量要求	分值	扣分标准	扣分原因	得分
1	现金收费	正确用现金收取一户电费	30	未完成一户现金缴费扣30分		
2	注意事项	正确描述现金收费注意事项	30	（1）输入收款金额时，营销系统自动将收款金额取整到"元"。回答错误扣7分。 （2）用户有欠费的情况下，允许收取部分电费，也允许超额收取费，先冲抵欠费，超额部分金额自动转入预收电费。回答错误扣8分。 （3）单纯收取预收电费时，输入收款金额后，一定要敲回车键将光标移至【本次预收】框，【本次预收】才会显示预收金额，否则，出现错误提示。回答错误扣8分。 （4）坐收收费收费成功后，按提示均可打印发票，遇到系统运行缓慢时，打印确认后，需要耐心的等待，不要连续的点击打印确认按钮。否则，将打印出多张相同的发票，造成重复出票的现象。回答错误扣7分		
3	现金交款单	正确填写现金交款单	30	（1）未正确填写币种扣3分。 （2）未正确填写日期扣3分。 （3）未正确填写收款单位扣3分。 （4）未正确填写交款人扣4分。 （5）未正确填写账号扣4分。 （6）未正确填写款项来源扣4分。 （7）未正确填写大写金额扣5分。 （8）未正确填写小写金额扣4分		

		评分标准				
序号	作业名称	质量要求	分值	扣分标准	扣分原因	得分
4	安全文明生产	文明操作，禁止违规操作，不损坏工器具，不发生安全生产事故	10	(1) 有不安全行为扣3分。 (2) 有违规行为扣4分。 (3) 有损坏工器具行为扣3分		
考试开始时间			考试结束时间		合计	
考生栏	编号：	姓名：	所在岗位：	单位：	日期：	
考评员栏	成绩：	考评员：		考评组长：		

居民客户电费滞纳电费违约金计算

一、操作

1. 工器具、材料、设备

(1) 工器具：碳素笔（红、蓝或黑笔）、计算器。

(2) 材料：答题试卷、白纸。

(3) 设备：桌椅1套/工位。

2. 注意事项

(1) 考前出示证件，遵守考场规定。

(2) 着装整洁，准考证、身份证齐全。

(3) 按时独立完成。

3. 步骤与要求

(1) 步骤。

1) 说明居民客户收取电费滞纳违约金标准，每日按欠费总额的0.1%累加计收。

2) 计算欠费天数：天数＝交纳日－逾期之日。

3) 列出电费滞纳违约金计算公式：居民客户电费滞纳违约金＝欠费金额×欠费天数×0.001。

4) 将欠费金额和欠费时间代入公式，计算应交纳的违约金。

(2) 要求。

1) 根据《供电营业规则》有关规定，客户在供电企业规定的期限内未交清电费时应承担电费滞纳的违约责任。

2) 已知居民客户欠费金额和欠费起止时间，违约金计算时期为从逾期之日起至交纳日止。

3) 居民客户违约金计算规定为：每日按欠费总额的0.1%累加计收。总额不足1元者按1元收取。

4) 错误数据使用划红线更正法进行更正。

(3) 范例。

某居民客户2012年12月的电费为100元，供用电合同约定交费日期为次月

5 日以前。该客户 2013 年 1 月 12 日才到供电企业交纳以上电费，试求该客户 2013 年 1 月以前应交纳电费违约金多少元。

解：

1) 规则说明：根据《供电营业规则》规定，居民客户每日按按欠费总额的 0.1‰计算电费违约金。

2) 数据计算：

计算欠费天数＝12－5＝7（天）。

计算居民客户电费违约金＝欠费金额×欠费天数＝100×7×0.001＝0.7（元）。

判断电费违约金总额是否足 1 元，不足 1 元者按 1 元收取；计算违约金 0.7 元＜1 元，按 1 元收取。

3) 作答。

二、考核

1. 考核场地

(1) 每个工位场地面积 2000mm×2000mm，可容纳 4 个工位同时操作。

(2) 每个工位配有考生书写桌椅。

(3) 设置 4 套评判桌椅和计时秒表。

2. 考核要点

(1) 违约金收取标准执行正确。

(2) 欠费天数计算正确。

(3) 应交违约金计算结论正确。

(4) 电费违约金总额不低于 1 元。

3. 考核时间

(1) 考核时间为 15min。

(2) 许可答题时开始计时，到时停止操作。

三、评分参考标准

行业：电力工程　　　　　　工种：抄表核算收费工　　　　　　等级：五

编号	CH509	行为领域	e	鉴定范围	
考核时间	15min	题型	A	含权题分	20
试题名称	居民客户电费违约金计算				
考核要点 及其要求	(1) 违约金收取标准执行正确。 (2) 欠费天数计算正确。 (3) 应交违约金计算结论正确。 (4) 电费违约金总额不低于 1 元				

现场设备、工具、材料	（1）工器具：碳素笔（红、蓝或黑笔）、计算器。 （2）材料：答题试卷、白纸。 （3）设备：桌椅1套/工位
备注	

评分标准

序号	作业名称	质量要求	分值	扣分标准	扣分原因	得分
1	执行标准	正确说明有关规定	20	标准执行错误扣20分		
2	欠费天数	正确计算欠费天数	20	计算错误扣20分		
3	公式	正确列出计算公式	20	公式错误扣20分		
4	计算	（1）正确计算居民客户电费违约金。 （2）比较计算结果是否大于等于1元，判别收取数值	25	（1）计算结果错误扣25分。 （2）违约金总额低于1元，未说明按1元收取扣10分。不涉及本内容，该项直接得分		
5	答题	正确完整答题	10	答题错误扣10分		
6	错误数据更正	使用划红线法进行更正	5	（1）有错误未使用该法更正扣5分。 （2）无错误需要更正该项直接得分		
考试开始时间			考试结束时间		合计	
考生栏	编号：	姓名：	所在岗位：	单位：	日期：	
考评员栏	成绩：	考评员：		考评组长：		

CH510   除居民外其他客户电费违约金计算

一、操作

1. 工器具、材料、设备

（1）工器具：碳素笔（红、蓝或黑笔）、计算器。

（2）材料：答题试卷、白纸。

（3）设备：桌椅 1 套/工位。

2. 注意事项

（1）考前出示证件，遵守考场规定。

（2）着装整洁，准考证、身份证齐全。

（3）按时独立完成。

3. 步骤与要求

（1）步骤。

1）按照是否跨年度，分别说明其他客户收取电费违约金标准。

2）按照是否跨年度，分别计算欠费天数，天数＝交纳日止－逾期之日。

3）列出电费违约金计算公式。其他客户电费违约金＝当年电费违约金＋跨年电费违约金。

4）将欠费金额和欠费时间代入公式，计算应交纳的违约金。

5）答题完成交卷。

（2）要求。

1）依据《供电营业规则》有关规定，客户在供电企业规定的期限内未交清电费时应承担电费滞纳的违约责任。

2）已知除居民外其他客户欠费金额和欠费起止时间，违约金计算时期为从逾期之日起至交纳日止。

3）其他客户违约金计算规定为：当年欠费部分，每日按欠费总额的 0.2％ 累加计收；跨年度欠费部分，每日按欠费总额的 0.3％ 累加计收。

4）错误数据使用划红线更正法进行更正。

（3）范例。

某工业电力客户 2013 年 11 月电费为 2000 元，供用电合同约定交费日期为每月 30 日前。该客户 2014 年 1 月 15 日才到供电企业交纳以上电费，试求该客户 2014 年 1 月应交纳电费违约金为多少元。

解：

1）规则说明：根据《供电营业规则》第九十八条规定，其他客户当年欠费部分，每日按欠费总额的 0.2% 计算电电费违约金；跨年度欠费部分，每日按欠费总额的 0.3% 计算违约金。

2）数据计算：

计算当年欠费天数＝31 天。

跨年欠费天数＝15 天。

计算电费违约金＝当年电费违约金＋跨年电费违约金＝$2000 \times 31 \times 0.002 + 2000 \times 15 \times 0.003 = 124 + 90 = 214$（元）。

答：该户 1 月 15 日应缴纳电费违约金 214 元。

二、考核

1. 考核场地

（1）每个工位场地面积 2000mm×2000mm，可容纳 4 个工位同时操作。

（2）每个工位配有考生书写桌椅。

（3）设置 4 套评判桌椅和计时秒表。

2. 考核要点

（1）违约金收取标准执行正确。

（2）欠费天数计算正确。

（3）当年和跨年电费违约金分段计算。

（4）应交违约金计算结论正确。

3. 考核时间

（1）考核时间为 15min。

（2）许可答题时开始计时，到时停止操作。

三、评分参考标准

行业：电力工程　　　　　工种：抄表核算收费工　　　　　等级：五

编号	CH510	行为领域	e	鉴定范围	
考核时间	15min	题型	A	含权题分	20
试题名称	除居民外其他客户电费违约金计算				
考核要点及其要求	(1) 违约金收取标准执行正确。 (2) 欠费天数计算正确。 (3) 当年和跨年电费违约金分段计算。 (4) 应交违约金计算结论正确				
现场设备、工具、材料	(1) 工器具：碳素笔（红、蓝或黑笔）、计算器。 (2) 材料：答题试卷、白纸。 (3) 设备：桌椅1套/工位				

评分标准

序号	作业名称	质量要求	分值	扣分标准	扣分原因	得分
1	执行标准	正确说明有关规定	20	(1) 当年部分标准执行错误扣10分。 (2) 跨年部分标准执行错误扣10分		
2	欠费天数	正确计算欠费天数	20	(1) 当年部分计算错误扣10分。 (2) 跨年部分计算错误扣10分		
3	公式	正确列出计算公式	20	公式错误扣20分		
4	计算	分别计算当年、跨年电费违约金并求和	25	(1) 当年违约金计算结果错误扣10分。 (2) 跨年违约金计算结果错误扣10分。 (3) 该户违约金合计结果错误扣5分。 (4) 不涉及跨年度违约金计算，该项直接得分		
5	答题	正确完整答题	10	答题错误扣10分		
6	错误数据更正	使用划红线法进行更正	5	(1) 有错误未使用该法更正扣5分。 (2) 无错误需要更正该项直接得分		
考试开始时间				考试结束时间		合计

根据设备清单配置单相电能表

一、操作

1. 工器具、材料、设备

(1) 工器具：碳素笔（红、蓝或黑笔）、计算器。

(2) 材料：答题试卷、白纸。

(3) 设备：桌椅 1 套/工位。

2. 注意事项

(1) 考前出示证件，遵守考场规定。

(2) 着装整洁，准考证、身份证齐全。

(3) 按时独立完成。

3. 步骤与要求

(1) 步骤。

1) 计算用电负荷：根据用户提供负荷计算设备容量。$\sum P = P_1 + P_2 + \cdots + P_n$。

2) 列出电流计算公式：

$$I = \frac{\sum P}{U\cos\varphi}$$

3) 将计算负荷代入公式。

4) 根据计算电流，按 DL/T 448—2000《电能计量装置技术管理规程》应选用过载 4 倍及以上的电能表进行配置。

5) 出具配表业务工单。

(2) 要求。

1) 根据提供设备清单计算用电负荷。

2) 不考虑用电设备同时使用率。

3) 功率因数取 1.0。

4) 按 DL/T 448—2000《电能计量装置技术管理规程》要求配备电能表。

5）电能表配置满足国网公司智能电能表要求。

（3）范例。

一单相居民用户，照明负荷：28W 筒灯 30 个，60W 吊灯 5 个，360W 烧水壶一个，单相 2100W 空调 2 台，电饭煲 800W，微波炉 900W，根据负荷配置电能表。

解：

1）数据计算：

计算用电负荷

$$\sum P = 28 \times 30 + 60 \times 5 + 360 + 4200 + 800 + 900 = 7400 \ (\text{W})$$

计算负荷电流

$$I = \frac{\sum P}{U\cos\varphi} = \frac{7400}{220 \times 1} = 33.64 \ (\text{A})$$

答：根据计算电流，按照国网公司电能表规格，应配置 220V、5（40）A、2.0 级单相电能表一只。

2）填写业务工作单。

二、考核

1. 考核场地

（1）每个工位场地面积 2000mm×2000mm，可容纳 4 个工位同时操作。

（2）每个工位配有考生书写桌椅。

（3）设置 4 套评判桌椅和计时秒表。

2. 考核要点

（1）负荷计算正确。

（2）公式正确。

（3）计算结论正确。

（4）电能表配置正确。

3. 考核时间

（1）考核时间为 15min。

（2）许可答题时开始计时，到时停止操作。

三、评分参考标准

行业：电力工程　　　　　　　工种：抄表核算收费工　　　　　　　等级：五

编号	CH511	行为领域	e	鉴定范围	
考核时间	15min	题型	A	含权题分	20
试题名称	根据设备清单配置电能表				
考核要点及其要求	(1) 按上述给定的数据进行答题，正确计算电流。 (2) 每步计算结果，均保留两位小数。 (3) 列出相应的计算公式，然后代入数据计算出结果。单位用文字或字母正确表示。 (4) 正确陈述计算结果。 (5) 试卷干净、整洁。 (6) 独立、按时完成				
现场设备、工具、材料	(1) 工器具：碳素笔（红、蓝或黑笔）、计算器。 (2) 材料：答题试卷、白纸。 (3) 设备：桌椅1套/工位				
备注					

评分标准

序号	作业名称	质量要求	分值	扣分标准	扣分原因	得分
1	负荷计算	正确计算负荷	20	(1) 负荷计算错误扣10分。 (2) 单位写错扣10分		
2	公式	正确列出公式	20	公式错误扣20分		
3	电流计算	正确计算负荷电流	25	(1) 单位错扣10分。 (2) 结果错扣15分		
4	电能表配置	依据有关规定正确配置电能表	25	(1) 电压选错扣10分。 (2) 电流选错扣15分		
5	填写业务工单	业务工单填写详细清楚	10	(1) 未填写业务工单扣10分。 (2) 填写不完整扣1~9分		
考试开始时间				考试结束时间		合计
考生栏	编号：	姓名：		所在岗位：	单位：	日期：
考评员栏	成绩：	考评员：			考评组长：	

一、操作

1. 工器具、材料、设备

（1）工器具：蓝（黑）碳素笔、红色水性笔、手电筒、计算器、低压试电笔、梯子。

（2）材料：工作证件、抄表卡片、抄表机、客户档案资料、业务工作单。

（3）设备：SG186 营销业务模拟系统，计算机 1 台/工位，装有单相、三相四线电能表的模拟抄表装置 1 台/工位。

2. 注意事项

（1）正确填用第二种工作票（工作前票已填）。

（2）工作服、安全帽、绝缘鞋符合 DL 409—1991《电业安全工作规程（电力线路部分）》要求。

（3）上门抄表主动出示证件，使用文明用语。

（4）使用试电笔测试电表箱等设备金属外壳不带电。

（5）抄表时应尽量避免人体接触设备外壳。

（6）使用梯子登高作业时，应有人扶持。

（7）发现客户违约用电，应做好记录，及时通知相关人员处理，不与客户发生冲突。

（8）抄表时应防止动物伤害。

（9）现场抄表时，应注意工作方式方法，维护供电企业形象。

3. 步骤与要求

（1）步骤。

1）领取抄表卡片，做好抄表准备。

2）在模拟抄表装置前进行手工现场抄表，共计单相表 1 块，三相四线表 2 块，三相四线多功能表 2 块。

3) 抄表时核对客户用电信息，信息错误，做好记录，填写业务工作单。

4) 规范准确的抄录电能表表码。

5) 正确计算客户的用电量。

6) 清理现场，文明作业。

（2）要求。

1) 核对信息，按有效位数正确抄录电能表表码。

2) 不得缺抄、漏抄、估抄。

3) 出现抄录错误时应按营业规定正确处理。

4) 对抄表现场客户信息进行判断，规范填写业务工作单。

二、考核

1. 考核场地

（1）场地面积能同时容纳 4 组模拟抄表装置，每组操作面积不小于 2000mm×2000mm。

（2）每个工位配有考生书写桌椅。

（3）室内备有通电试验用的三相电源（有接地保护）4 处以上。

（4）设置 4 套评判桌椅和计时秒表。

2. 考核要点

（1）准确抄录电能表表码。

（2）抄表卡填写规范。

（3）正确处理抄录错误。

（4）正确计算客户电量。

（5）对客户用电信息判断及处理。

（6）安全文明生产。

3. 考核时间

（1）考核时间为 25min。

（2）考核前准备工作不计入考核总时间内。

（3）许可开工后记录考核开始时间，到时停止操作。

三、评分参考标准

行业：电力工程　　　　　工种：抄表核算收费工　　　　　等级：四

编号	CH401	行为领域	e	鉴定范围	
考核时间	25min	题型	A	含权题分	25
试题名称	低压客户现场抄表及用电信息核对				
考核要点及其要求	(1) 准确抄录电能表表码。 (2) 正确计算客户的电量。 (3) 对客户的用电信息核对及处理。 (4) 安全文明生产。 (5) 独立、按时完成				
现场设备、工具、材料	(1) 工器具：蓝（黑）碳素笔、红色水性笔、手电筒、计算器、低压试电笔、梯子。 (2) 材料：工作证件、抄表卡片、客户档案资料、业务工作单。 (3) 设备：SG186营销业务模拟系统，计算机1台/工位，装有单相，三相四线电能表的模拟抄表装置1台/工位				
备注	该项操作工作票已开，危险点预控措施已交代（已做）				
评分标准					

序号	作业名称	质量要求	分值	扣分标准	扣分原因	得分
1	着装	正确佩戴安全帽、工作证，穿工作服绝缘鞋	5	(1) 未穿工作服扣3分。 (2) 未穿绝缘鞋扣1分。 (3) 未戴安全帽扣1分		
2	现场抄表	正确完成现场表计的抄录工作	43	(1) 未按电能表有效位抄表，每项扣1分，共10分，扣完为止，不另扣分。 (2) 单相、三相四线直通表错抄一户扣3分，共3户。 (3) 三相四线多功能表、总有功、峰、平、谷、无功、需量止码抄错一项扣2分，共2块表		
3	电量计算	正确计算客户电量	27	(1) 单相、三相四线直通表计算错误一户扣1分，共3户。 (2) 三相四线多功能表、总有功、峰、平、谷、无功、需量计算错误一项扣2分，共12项		

				评分标准			
序号	作业名称	质量要求	分值	扣分标准		扣分原因	得分
4	抄表异常	准确核对客户信息并对异常进行处理	12	（1）未发现信息错误，每处扣3分，共2处。 （2）未正确处理信息错误，每处扣3分，共2处。			
5	抄录错误更正	出现抄录错误更正时，应用删除线（双横线）处理	3	未按规定处理，每处扣1分，扣完为止，不另扣分			
6	填写业务工单	正确填写异常业务工单	5	未填写扣5分			
7	安全文明生产	文明操作，禁止违规操作，不损坏工器具，不发生安全生产事故	5	（1）有不安全行为扣总分1分。 （2）有违规行为扣总分3分。 （3）有损坏工器具行为扣总分1分			
考试开始时间				考试结束时间		合计	
考生栏		编号： 姓名：		所在岗位：	单位：		日期：
考评员栏		成绩： 考评员：			考评组长：		

一、操作

1. 工器具、材料、设备

(1) 工器具：蓝（黑）碳素笔、红色水性笔、手电筒、计算器、低压试电笔、梯子。

(2) 材料：工作证件、抄表卡片、客户档案资料、业务工作单。

(3) 设备：SG186 营销业务模拟系统，计算机 1 台/工位，装有单相、三相四线电能表的模拟抄表装置 1 台/工位。

2. 注意事项

(1) 正确填用第二种工作票（工作前工作票已填）。

(2) 工作服、安全帽、绝缘鞋符合 DL 409—1991《电业安全工作规程（电力线路部分）》要求。

(3) 上门抄表主动出示证件，使用文明用语。

(4) 使用试电笔测试电表箱等设备金属外壳不带电。

(5) 抄表时应尽量避免人体接触设备外壳。

(6) 使用梯子登高作业时，应有人扶持。

(7) 发现客户违约用电，应做好记录，及时通知相关人员处理，不与客户发生冲突。

(8) 抄表时应防止动物伤害。

(9) 现场抄表时，应注意工作方式方法，维护供电企业形象。

3. 步骤与要求

(1) 步骤。

1) 领取抄表卡片，做好抄表准备。

2) 在模拟抄表装置前进行手工现场抄表，共计单相表 1 块，三相四线表 2 块，三相四线多功能表 2 块。

3）抄表时对抄表现场计量装置故障进行判断，若有异常，做好记录，填写业务工作单。

4）规范准确的抄录电能表表码。

5）正确计算客户的用电量。

6）清理现场，文明作业。

（2）要求。

1）核对信息，按有效位数正确抄录电能表表码。

2）不得缺抄、漏抄、估抄。

3）出现抄录错误时应按营业规定正确处理。

4）对抄表现场计量装置异常情况进行判断，规范填写业务工作单。

二、考核

1. 考核场地

（1）场地面积能同时容纳 4 组模拟抄表装置，每组操作面积不小于 2000mm×2000mm。

（2）每个工位配有考生书写桌椅。

（3）室内备有通电试验用的三相电源（有接地保护）4 处以上。

（4）设置 4 套评判桌椅和计时秒表。

2. 考核要点

（1）准确抄录电能表表码。

（2）抄表卡填写规范。

（3）正确处理抄录错误。

（4）正确计算客户电量。

（5）对计量装置异常进行判断及处理。

（6）安全文明生产。

3. 考核时间

（1）考核时间为 25min。

（2）考核前准备工作不计入考核总时间内。

（3）许可开工后记录考核开始时间，到时停止操作。

三、评分参考标准

行业：电力工程　　　　　　工种：抄表核算收费工　　　　　　等级：四

编号	CH402	行为领域	e	鉴定范围	
考核时间	25min	题型	A	含权题分	25
试题名称	低压客户现场抄表及用电信息核对				
考核要点及其要求	(1) 准确抄录电能表表码。 (2) 正确计算客户的电量。 (3) 对计量装置异常进行判断及处理。 (4) 安全文明生产。 (5) 独立、按时完成				
现场设备、工具、材料	(1) 工器具：蓝（黑）碳素笔、红色水性笔、手电筒、计算器、低压试电笔、梯子。 (2) 材料：工作证件、抄表卡片、抄表机、客户档案资料、业务工作单。 (3) 设备：SG186营销业务模拟系统，计算机1台/工位，装有单相、三相四线电能表的模拟抄表装置1台/工位				
备注	该项操作工作票已开，危险点预控措施已交代（已做）				

评分标准

序号	作业名称	质量要求	分值	扣分标准	扣分原因	得分
1	着装	正确佩戴安全帽、工作证，穿工作服绝缘鞋	5	(1) 未穿工作服扣3分。 (2) 未穿绝缘鞋扣1分。 (3) 未戴安全帽扣1分		
2	现场抄表	正确完成现场表计的抄录工作	43	(1) 未按电能表有效位抄表，每项扣1分，共10分，扣完为止，不另扣分。 (2) 单相、三相四线直通表错抄一户扣3分，共3户。 (3) 三相四线多功能表、总有功、峰、平、谷、无功、需量止码抄错一项扣2分，共2块表		
3	电量计算	正确计算客户电量	27	(1) 单相、三相四线直通表计算错误一户扣1分，共3户。 (2) 三相四线多功能表、总有功、峰、平、谷、无功、需量计算错误一项扣2分，共12项		

			评分标准				

序号	作业名称	质量要求	分值	扣分标准	扣分原因	得分
4	抄表异常	对计量装置异常进行判断及处理	12	（1）未发现计量装置故障，每处扣3分，共2处。 （2）未正确处理计量装置故障，每处扣3分，共2处		
5	抄录错误更正	出现抄录错误更正时，应用删除线（双横线）处理	3	未按规定处理，每处扣1分，扣完为止，不另扣分		
6	填写业务工单	正确填写异常业务工单	5	未填写扣5分		
7	安全文明生产	文明操作，禁止违规操作，不损坏工器具，不发生安全生产事故	5	（1）有不安全行为扣总分1分。 （2）有违规行为扣总分3分。 （3）有损坏工器具行为扣总分1分		

考试开始时间				考试结束时间			合计
考生栏		编号：	姓名：	所在岗位：	单位：		日期：
考评员栏		成绩：	考评员：		考评组长：		

一、操作

1. 工器具、材料、设备

（1）工器具：碳素笔（红、蓝或黑笔）、计算器。

（2）材料：答题试卷、电价表、功率因数调整电费比例对照表、变压器损耗电量查对表、白纸。

（3）设备：桌椅 1 套/工位。

2. 注意事项

（1）考前出示证件，遵守考场规定。

（2）着装整洁，准考证、身份证齐全。

（3）按时独立完成。

3. 步骤与要求

（1）步骤。

1）根据给定条件：选择该户正确电价类别，判断是否执行分时，根据不同性质判断应执行的功率因数标准，计算电量和电费。

2）倍率计算：倍率＝电流互感器一次侧电流/二次侧电流（5A）×电压互感器一次侧电压/电压互感器二次侧电压（100V）。

3）计算抄见电量。

抄见电量（kWh）＝（抄见止码－抄见起码）×倍率

总表有功抄见电量＝（有功总抄见止码－抄见起码）×倍率

总表无功抄见电量＝（无功总抄见止码－抄见起码）×倍率

4）变损的计算：对高供低计接线方式，凡用电计量装置不安装在产权分界处时，线路与变压器损耗的有功与无功电量由产权所有者负担。通常根据用电客户有功总电量、无功总电量、变压器型号、变压器容量查变损对照表，找出对应的变损有功电量、无功变损电量。

5）线损的计算：线损电量由线路产权所有者承担，一般按供用电合同约定的线损系数（%）计算。

　　　　有功线损电量＝（有功总抄见电量＋总有功变损）×有功线损系数

　　　　无功线损电量＝（无功总抄见电量＋总无功变损）×无功线损系数

　　6）结算电量计算：结算电量＝总抄见电量＋变损电量＋线损电量。

　　7）计算功率因数，查找对应的功率因数调整电费增减率（%）。

　　a. 计算 $\tan\varphi$ 值，$\tan\varphi$ 值＝无功总电量/有功总电量。

　　　　无功总电量＝无功总抄见电量＋无功变损电量＋无功线损电量

　　　　有功总电量＝有功总抄见电量＋有功变损电量＋有功线损电量

　　b. 通过 $\tan\varphi$ 值，查功率因数调整电费比例对照表得出对应的实际功率因数。

　　c. 核对该用户功率因数标准，根据实际功率因数，查找对应的功率因数调整电费增减率（%）。

　　根据计算功率因数比值查功率因数率调奖惩表，得出电费调整奖惩率。

　　8）计算电度电费：选择电价正确，列式计算正确。

　　电度电费（元）＝结算电量×电度电价（电度电价即目录电度电价）。

　　9）功率因数调整电费计算。

　　单一制电价功率因数调整电费＝目录电度电费×功率因数调整电费增减率%

　　两部制电价功率因数调整电费＝（基本电费＋目录电度电费）×

　　　　　　　　　　功率因数调整电费增减率（%）

　　　　　参与调整电费＝总表峰、谷、平各时段目录电费总和。

　　10）计算代征款：代征款（元）＝结算电量×代征款合价电价。

　　11）合计电费计算：合计电费（元）＝电度电费＋基本电费＋功率因数调整电费＋代征款。

　　12）关于峰谷分时电价政策：峰谷分时电价的实行范围。

　　a. 受电变压器容量在 100kVA 及以上的非普工业用电、商业用电和大工业用电客户。

　　b. 铁路、医院、部队、学校、机关等用电不执行峰谷分时电价，但其所办的企业用电除外。

　　c. 考虑商业用电电价水平，现省内对其不执行分时电价。

　　d. 峰谷分时电价峰、谷、平时段划分

　　● 高峰时段：10：00～12：00；18：00～22：00（共 6h）

　　● 平段时段：8：00～10：00；12：00～18：00；22：00～24：00（共 10h）

　　● 低谷时段：0：00～8：00（共 8h）

　　（2）要求。

　　1）现场工作服，着装整洁，准考证、身份证齐全。

2）按时独立完成。

3）依据题意，电价选择正确，计算正确，错误数据使用划红线更正法进行更正。

（3）范例。

已知一 10kV 高压供电专供某铁路机务段用电，受电变压器容量为 100kVA，一级计量方式为高供高计，TA 变比=5/5，装有一块多功能电能表的示数分别为：有功总表起码为 806.78，止码为 920.66，有功峰时段起码为 211.70，止码为 298.33，有功平时段起码为 547.24，止码为 569.33，有功谷时段起码为 47.84，止码为 53，无功总表起码为 509.73，止码为 562.13，试求该用户当月应收电量电费为多少？功率因数调整电费对照表（节选）见表 CH403-1，电价表（节选）见表 CH403-2。

表 CH403-1　　　　　　　　功率因数调整电费对照表（节选）

比值（$\tan\varphi$）	功率因数（%）	（表一）电费调整（%）	（表二）电费调整（%）	（表三）电费调整（%）
0.000~0.100	100	−0.75	−1.1	−1.3
0.101~0.175	99	−0.75	−1.1	−1.3
0.176~0.227	98	0.75	−1.1	−1.3
0.228~0.271	97	−0.75	−1.1	−1.3
0.272~0.310	96	−0.75	−1.1	1.3
0.311~0.346	95	−0.75	−1.1	−1.3
0.347~0.379	94	−0.6	−1.1	−1.3
0.380~0.410	93	−0.45	−0.95	−1.3
0.411~0.440	92	−0.3	−0.8	−1.3
0.441~0.470	91	−0.15	−0.65	−1.15

表 CH403-2　　　　　　　　电价表（节选）　　　　　　　　单位：元

用电类别		电度电价	农网低压维护费	大中型水库移民后期扶持资金	地方水库移民后期扶持资金	可再生能源	农网改造还贷基金	城镇附加	销售电价
大工业用电	1~10kV	0.5722	0.0188	0.0083	0.0005	0.015	0.02	0.01	0.6448
一般工商业及其他用电	不满 1kV	0.9074	0.0188	0.0083	0.0005	0.015	0.02	0.013	0.9830
	1~10kV	0.8874	0.0188	0.0083	0.0005	0.015	0.02	0.013	0.9630
居民生活用电	不满 1kV	0.5094	0.0188	0.0083	0.0005	0.001	0.02	0.015	0.5730
	1~10kV	0.4994	0.0188	0.0083	0.0005	0.001	0.02	0.015	0.5630

解：根据湖北省现行销售电价分类和电价相关政策，对铁路医院部队学校机

关部门（国家财政拨款的）等用电不执行峰谷分时电价，但其所办的企业用电除外。所以该户属于其中的基建临时用电，执行非工业电价，不执行分时计算，故该户电费按总时段电量来计费。

该用户倍率为＝5÷5×10 000÷100＝100

该用户有功总抄见电量＝（920.66－863.72）×100＝11 388（kWh）

该用户无功总抄见电量＝（562.13－535.93）×100＝5240（kWh）

$\tan\varphi$＝总无功电量/总有功电量＝Q/P＝5240÷11 388＝0.4601，经查表得该户实际功率因数 $\cos\varphi$＝0.91，因该户为非工业，容量 100kVA，应执行功率因数 $\cos\varphi$≥0.85，选表 CH403-2，功率因数调整电费比例为－0.65％。

总表电度电费＝总表结算电量×电度电价＝11 388×0.8874＝10 105.71（元）

总表调整电费＝总表电度电费×参与调整比值＝10 105.71×（－0.65％）＝－65.69（元）

总代征电费（元）＝总表结算电量×代征电价合计＝11 388×0.0756＝860.93（元）

该户结算电费＝10 105.71＋（－65.69）＋860.93＝10 900.95（元）

答：该用户当月应收电量电费合计为 10 900.95 元。

二、考核

1. 考核场地

（1）每个工位场地面积 2000mm×2000mm，可容纳 4 个工位同时操作。

（2）每个工位配有考生书写桌椅。

（3）设置 4 套评判桌椅和计时秒表。

2. 考核要点

（1）列式计算、步骤清晰、业务依据正确。

（2）正确计算各级电量电费如抄见电量、结算电量、电度电费、力调电费、代征电费、合计电费等。

（3）答题规范，单位正确。

（4）安全文明生产、按时独立完成。

3. 考核时间

（1）考核时间为 30min。

（2）许可答题时开始计时，到时停止操作。

三、评分参考标准

行业：电力工程　　　　　　工种：抄表核算收费工　　　　　　等级：四

编号	CH403	行为领域	e	鉴定范围	
考核时间	30min	题型	A	含权题分	50
试题名称	功率因数调整电费客户电量电费核算				
考核要点及其要求	(1) 列式计算、步骤清晰、业务依据正确。 (2) 正确计算各级电量电费如抄见电量、结算电量、电度电费、力调电费、代征电费、合计电费等。 (3) 答题规范，单位正确。 (4) 安全文明生产、按时独立完成				
现场设备、工具、材料	(1) 工器具：碳素笔（红、蓝或黑笔）、计算器。 (2) 材料：答题试卷、电价表、功率因数调整电费比照表、变压器损耗电量查对表、白纸。 (3) 设备：桌椅1套/工位				
备注					

评分标准

序号	作业名称	质量要求	分值	扣分标准	扣分原因	得分
1	业务依据	根据湖北省现行销售电价分类和电价相关政策，对铁路医院部队学校机关部门（国家财政拨款的）等用电不执行峰谷分时电价，但其所办的企业用电除外。所以该户属于铁路机电用电，执行非工业电价，应不执行分时，故该户电费按总时段电量来计费	10	业务依据不正确，扣10分		
2	电量计算	(1) 正确计算倍率。 (2) 正确计算有功总电量。 (3) 正确计算无功总电量	20	(1) 倍率计算不正确，扣10分。 (2) 未正确计算有功总电量，扣5分。 (3) 未正确计算无功总电量，扣5分		

続表

续表

		评分标准					
序号	作业名称	质量要求	分值	扣分标准	扣分原因	得分	
3	功率因数电费计算	(1) 正确计算 tanφ 值。 (2) 正确查表求得实际功率因数 cosφ。 (3) 正确查表求功率因数调整率。 (4) 正确选择电价计算电度电费。 (5) 正确计算功率因数调整电费	40	(1) 未正确计算 tanφ 值，扣 5 分。 (2) 未正确查表实际功率因数，扣 5 分。 (3) 未正确计算功率因数调整率，扣 10 分。 (4) 未正确计算电度电费，扣 10 分。 (5) 未正确计算力调电费，扣 10 分			
4	代征电费计算	正确计算总代征收款	10	未正确计算待征收电费，扣 10 分			
5	合计电费计算	正确计算合计电费	10	未正确计算合计电费，扣 10 分			
6	规范答题	按要求规范答题，单位完整	5	未规范答题，单位不完整，扣 5 分			
7	安全文明生产	文明操作，禁止违规操作，不损坏工器具，不发生安全生产事故	5	(1) 有不安全行为扣总分 1～5 分。 (2) 有违规行为扣总分 1～5 分。 (3) 有损坏工器具行为扣总分 1～5 分			
考试开始时间				考试结束时间		合计	
考生栏		编号： 姓名：		所在岗位： 单位：		日期：	
考评员栏		成绩： 考评员：			考评组长：		

一、操作

1. 工器具、材料、设备

(1) 工器具：碳素笔（红、蓝或黑笔）、计算器。

(2) 材料：答题试卷、电价表、功率因数调整电费比例对照表、变压器损耗电量查对表、白纸。

(3) 设备：桌椅1套/工位。

2. 注意事项

(1) 考前出示证件，遵守考场规定。

(2) 着装整洁，准考证、身份证齐全。

(3) 按时独立完成。

3. 步骤与要求

(1) 步骤。

1) 根据给定条件：选择该户正确电价类别，判断是否执行分时，根据不同性质判断应执行的功率因数标准，计算电量和电费。

2) 计算抄见电量。

$$抄见电量(kWh)=(抄见止码-抄见起码)×倍率$$

$$总表有功抄见电量=(有功总抄见止码-抄见起码)×倍率$$

$$总表无功抄见电量=(无功总抄见止码-抄见起码)×倍率$$

3) 变损的计算：对高供低计接线方式，凡用电计量装置不安装在产权分界处时，线路与变压器损耗的有功与无功电量由产权所有者负担。通常根据用电客户有功总电量、无功总电量、变压器型号、变压器容量查变损对照表，找出对应的变损有功电量、无功变损电量。

4) 线损的计算：线损电量由线路产权所有者承担，一般按供用电合同约定线损系数（%）计算。

$$有功线损电量=(有功总抄见电量+总有功变损)×有功线损系数$$

无功线损电量＝（无功总抄见电量＋总无功变损）×无功线损系数

5）结算电量计算。

$$结算电量＝（总抄见电量＋总变损电量）×（1＋线损系数）$$

其中，总有功电量＝（总有功抄见电量＋有功变损电量）×（1＋线损系数）

$$总无功电量＝（总无功抄见电量＋无功变损电量）×（1＋线损系数）$$

6）计算 $\tan\varphi$：$\tan\varphi＝$总无功电量/总有功电量。

根据计算功率因数比值查功率因数率调奖惩表，得出该户实际功率因数和电费调整奖惩率。

7）计算电度电费：电度电费（元）＝结算电量×电度电价（电度电价即目录电度电价）。

8）功率因数调整电费计算。

单一制电价功率因数调整电费＝目录电度电费×功率因数调整电费增减率％

两部制电价功率因数调整电费＝（基本电费＋目录电度电费）×功率因数调整电费增减率（％）

9）计算代征款：代征款（元）＝结算电量×代征款电价。

10）合计电费计算：合计电费（元）＝电度电费＋基本电费＋功率因数调整电费＋代征款。

11）关于功率因数调整电费政策－功率因数的标准值及其适用范围。

a. 功率因数标准0.9，适用于160kVA以上的高压供电工业用户、装有带负荷调整电压装置的高压供电电力用户和3200kVA及以上的高压供电电力排灌站。

b. 功率因数标准0.85，适用于100kVA（kW）及以上的其他工业用户、100kVA（kW）及以上的非工业用户和100kVA（kW）及以上的电力排灌站。

c. 功率因数0.80，适用于100kVA（kW）及以上的农业用户和趸售用户。

（2）要求。

1）现场工作服，着装整洁，准考证、身份证齐全。

2）按时独立完成。

3）依据题意，列式计算，步骤清晰，错误数据使用划红线更正法进行更正。

（3）范例。

某房产照明用户采用10kV供电，受电变压器为100kVA，高供低压计量，根据《供用电合同》，该户每月加收线损电量3%。已知该用户3月抄见有功总电量为40 000kWh，无功电量为10 000kvarh，有功变损为1037kWh，无功变损为7200kvarh，试求该用户3月的电量电费为多少（假设电度电价0.50元/kWh，代征收电价为0.0756元/kWh，销售电价为0.5756元/kWh）？

解：该户为照明用电且受电变压器容量100kVA，不执行分时电价，功率因数标准应为 0.85。

$$该户总有功电量 = (抄见电量 + 变损电量) \times (1 + 线损电量)$$
$$= (40\ 000 + 1037) \times (1 + 3\%) = 42\ 268\ (kWh)$$
$$总无功电量 = (10\ 000 + 7200) \times (1 + 3\%) = 17\ 716\ (kvarh)$$
$$\tan\varphi = 17\ 716 \div 42\ 268 = 0.419$$

查表得该户实际功率因数为 0.92，根据表 CH403-1 电费调整率应为 -0.8%

$$该户电度电费 = 42\ 268 \times 0.50 = 21\ 134\ (元)$$
$$功率因数调整电费 = (42\ 268 \times 0.50) \times (-0.8\%)$$
$$= 21\ 134 \times (-0.8\%)$$
$$= -169.07\ (元)$$
$$代征电费 = 42\ 268 \times 0.0756 = 3195.46\ (元)$$
$$合计电费 = 电度电费 + 功率因数调整电费 + 代征电费$$
$$= 21\ 134 + (-169.07) + 3195.46$$
$$= 24\ 160.39\ (元)$$

答：该户 3 月电量为 42 268kWh，合计电费为 24 160.39 元。

二、考核

1. 考核场地

(1) 每个工位场地面积 2000mm×2000mm，可容纳 4 个工位同时操作。

(2) 每个工位配有考生书写桌椅。

(3) 设置 4 套评判桌椅和计时秒表。

2. 考核要点

(1) 列式计算、步骤清晰，业务依据正确。

(2) 正确计算电量电费如结算电量、电度电费、力调电费、代征电费、合计电费等。

(3) 答题规范，单位正确。

(4) 安全文明生产、按时独立完成。

3. 考核时间

(1) 考核时间为 40min。

(2) 许可答题时开始计时，到时停止操作。

三、评分参考标准

行业：电力工程　　　　　工种：抄表核算收费工　　　　　等级：四

编号	CH404	行为领域	e	鉴定范围	
考核时间	40min	题型	A	含权题分	35
试题名称	含线、变损高压客户电量电费计算				
考核要点及其要求	(1) 列式计算、步骤清晰、业务依据正确。 (2) 正确计算电量电费如抄见电量、结算电量、电度电费、力调电费、代征电费、合计电费等。 (3) 答题规范，单位正确。 (4) 安全文明生产、按时独立完成				
现场设备、工具、材料	(1) 工器具：碳素笔（红、蓝或黑笔）、计算器。 (2) 材料：答题试卷、电价表、功率因数调整电费比照表、变压器损耗电量查对表、白纸。 (3) 设备：桌椅1套/工位				
备注					

评分标准

序号	作业名称	质量要求	分值	扣分标准	扣分原因	得分
1		正确计算结算电量	30	(1) 未正确列出公式，扣10分。 (2) 未正确计算有功总电量，扣10分。 (3) 未正确计算无功总电量，扣10分		
2	电量电费计算	正确计算功率因数电费	38	(1) 未正确计算功率因数比值，扣10分。 (2) 未正确计算电费调整率，扣10分。 (3) 未正确计算电度电费，扣8分。 (4) 未正确计算功率因素调整电费，扣10分		
		正确计算代征电费	10	未正确计算待征收电费，扣10分		
		正确计算合计电费	10	未正确计算合计电费，扣10分		
3		规范答题	2	未规范答题，单位不完整，扣2分		

序号	作业名称	质量要求	分值	扣分标准	扣分原因	得分
			评分标准			
4	安全文明生产	文明操作，禁止违规操作，不损坏工器具，不发生安全生产事故	10	（1）有不安全行为扣总分1~5分。（2）有违规行为扣总分1~5分。（3）有损坏工器具行为扣总分1~5分		
考试开始时间			考试结束时间		合计	
考生栏	编号：	姓名：	所在岗位：	单位：	日期：	
考评员栏	成绩：	考评员：		考评组长：		

58

CH405 　总分表客户电量计算

一、操作

1. 工器具、材料、设备

（1）工器具：碳素笔（红、蓝或黑笔）、计算器。

（2）材料：答题试卷、电价表、功率因数调整电费比例对照表、变压器损耗电量查对表、白纸。

（3）设备：桌椅1套/工位。

2. 注意事项

（1）考前出示证件，遵守考场规定。

（2）着装整洁，准考证、身份证齐全。

（3）按时独立完成。

3. 步骤与要求

（1）步骤。

1）根据给定条件：选择该户正确电价类别，计算电量和电费。

2）倍率计算：倍率＝电流互感器一次侧电流/二次侧电流（5A）×电压互感器一次侧电压/电压互感器二次侧电压（100V）。

3）计算抄见电量。

$$抄见电量（kWh）＝（抄见止码－抄见起码）×倍率$$

$$总表有功抄见电量＝（有功总抄见止码－抄见起码）×倍率$$

$$总表无功抄见电量＝（无功总抄见止码－抄见起码）×倍率$$

$$分表电量＝（分表抄见止码－抄见起码）×倍率$$

若合同约定分表为定量，则按定量计算；若合同约定分表为定比，则

$$分表电量＝总表（抄见止码－抄见起码）×倍率×定比值$$

4）计算总表剩余抄见电量：总表剩余抄见电量＝总表电量－分表电量。

5）变损的计算。

a. 对高供低计接线方式，凡用电计量装置不安装在产权分界处时，线路与变

压器损耗的有功与无功电量由产权所有者负担。

b. 变损计算标准规定，通常根据用电客户有功总电量、无功总电量、变压器型号、变压器容量查变损对照表，找出对应的变损有功电量、无功变损电量。

通常：变压器有功损耗按总表、分表抄见电量比例进行分摊。

公式：损耗＝有功损耗×抄见电量比例。

6）线损的计算：线损电量由线路产权所有者承担，一般按供用电合同约定的线损系数（％）计算

a. 线损分有功线损和无功线损，计算公式如下。

有功线损电量＝（有功总抄见电量＋总有功变损）×有功线损系数

无功线损电量＝（无功总抄见电量＋总无功变损）×无功线损系数

b. 线损的分摊原则：变压器有功损耗按各时段（峰6/24，平10/24，谷8/24）的比例进行分摊。

7）结算电量计算。

总表结算电量＝剩余抄见电量＋变损电量＋线损电量

总表计费电量＝总表抄见电量－分表电量＋总表分摊变损、线损电量

分表计费电量＝分表抄见电量＋分表分摊变损、线损电量

（2）要求。

1）现场工作服，着装整洁，准考证、身份证齐全。

2）按时独立完成。

3）依据题意，列式计算，步骤清晰，错误数据使用划红线更正法进行更正。

（3）范例。

已知某10kV高压供电普通工业用户，1级计量方式为高供低计，TA＝100/5，有功总表起码为3399，止码为4399，2级定量1000为非居民，假设变损为480kWh，合同约定按总表电量加收2％的线损，试求该用户普通工业和非居民有功电量各为多少？

解：该用户倍率为＝100÷5＝20

该用户有功总抄见电量＝20×（4399－3399）＝20 000（kWh）

有功线损＝（有功抄见电量＋变损电量）×线损值＝（20 000＋480）×0.02＝410（kWh）

根据题意2级为定量，则2级分表不分摊变损，该用户2级非居民定量＝1000（kWh）

用户1级普通工业有功计费电量＝20 000－1000＋480＋410＝19 890（kWh）

答：该用户普通工业有功计费电量为 19 890kWh，非居民有功计费电量为 1000kWh。

二、考核

1. 考核场地

(1) 每个工位场地面积 2000mm×2000mm，可容纳 4 个工位同时操作。

(2) 每个工位配有考生书写桌椅。

(3) 设置 4 套评判桌椅和计时秒表。

2. 考核要点

(1) 列式计算、步骤清晰。

(2) 计算抄见电量、结算电量，线、变损电量正确。

(3) 答题规范，单位正确。

(4) 安全文明生产、按时独立完成。

3. 考核时间

(1) 考核时间为 40min。

(2) 许可答题时开始计时，到时停止操作。

三、评分参考标准

行业：电力工程　　　　　　工种：抄表核算收费工　　　　　　等级：四

编号	CH405	行为领域	e	鉴定范围	
考核时间	40min	题型	A	含权题分	35
试题名称	总分表客户电量计算				
考核要点及其要求	(1) 列式计算、步骤清晰。 (2) 各级电量计算正确，如抄见电量、结算电量，线、变损电量等。 (3) 答题规范，单位正确。 (4) 安全文明生产、按时独立完成				
现场设备、工具、材料	(1) 工器具：碳素笔（红、蓝或黑笔）、计算器。 (2) 材料：答题试卷、电价表、功率因数调整电费比照表、变压器损耗电量查对表、白纸。 (3) 设备：桌椅 1 套/工位				
备注	1 级总表不分时，2 级定量				

续表

评分标准						
序号	作业名称	质量要求	分值	扣分标准	扣分原因	得分
1	电量电费的计算与审核	正确计算抄见电量	50	（1）未正确计算倍率，扣10分。 （2）未正确计算有功总抄见电量，扣20分。 （3）未正确列出公式，扣10分。 （4）未正确计算有功线、变损值，扣10分		
2		正确计算分表电量	20	（1）未列出定量分摊依据，扣10分。 （2）未正确计算分表结算电量，扣10分		
		正确计算总表结算电量	20	未正确计算总表结算电量，扣20分		
3		规范答题	10	未规范答题，单位不完整，合计10分		
考试开始时间			考试结束时间		合计	
考生栏	编号： 姓名： 所在岗位： 单位： 日期：					
考评员栏	成绩： 考评员： 考评组长：					

CH406　分表定比客户电量电费计算

一、操作

1. 工器具、材料、设备

（1）工器具：碳素笔（红、蓝或黑笔）、计算器。

（2）材料：答题试卷、电价表、功率因数调整电费比例对照表、变压器损耗电量查对表、白纸。

（3）设备：桌椅1套/工位。

2. 注意事项

（1）考前出示证件，遵守考场规定。

（2）着装整洁，准考证、身份证齐全。

（3）按时独立完成。

3. 步骤与要求

（1）步骤。

1）根据给定条件：选择该户正确电价类别、判断是否执行分时、根据不同用电性质判断应执行的功率因数标准。

2）倍率计算：倍率=电流互感器一次侧电流/二次侧电流(5A)×电压互感器一次侧电压/电压互感器二次侧电压（100V）。

3）计算抄见电量。

抄见电量(kWh)=（抄见止码-抄见起码）×倍率

总表有功抄见电量=（有功总抄见止码-抄见起码）×倍率

总表无功抄见电量=（无功总抄见止码-抄见起码）×倍率

分表电量=（分表抄见止码-抄见起码）×倍率

若合同约定分表为定量，则按定量计算；若合同约定分表为定比，则

分表电量=总表（抄见止码-抄见起码）×倍率×定比值

4）计算总表剩余抄见电量：总表剩余抄见电量=总表电量-分表电量。

5）变损的计算。

a. 对高供低计接线方式，凡用电计量装置不安装在产权分界处时，线路与变压器损耗的有功与无功电量由产权所有者负担。通常根据用电客户有功总电量、无功总电量、变压器型号、变压器容量查变损对照表，找出对应的变损有功电量、无功变损电量。

b. 变损计算标准规定，通常根据用电客户有功总电量、无功总电量、变压器型号、变压器容量查变损对照表，找出对应的变损有功电量、无功变损电量。

通常：变压器有功损耗按各时段抄见电量比例进行分摊。

公式：损耗 i＝有功损耗×抄见电量比例 i（其中 i 表示时段）。

c. 变损分摊：变压器损耗分为有功损耗和无功损耗，通常按有功损耗和无功损耗分别执行分摊。其中计量点是定量的不参与损耗分摊。

6）线损的计算：线损电量由线路产权所有者承担，一般按供用电合同约定的线损系数（%）计算

a. 线损分有功线损和无功线损，计算公式如下。

有功线损电量＝（有功总抄见电量＋总有功变损）×有功线损系数

无功线损电量＝（无功总抄见电量＋总无功变损）×无功线损系数

b. 线损的分摊原则：变压器有功损耗按各时段（峰 6/24，平 10/24，谷 8/24）的比例进行分摊。

7）结算电量计算。

结算电量 i＝剩余抄见电量 i＋变损电量 i＋线损电量 i（其中 i 表示时段）

总表计费电量＝总表抄见电量－分表电量＋总表分摊变损＋总表分摊线损

分表计费电量＝分表抄见电量＋分表分摊变损＋分表分摊线损

8）目录电度电费计算：根据题意选择正确电价。

目录电费＝各时段结算电量×各时段目录电价

其中，平电价＝基础目录电价

峰电价＝基础目录电价×180%

谷电价＝基础目录电价×48%

9）代征电费计算。

代征电费＝各分类结算电量×代征综合单价

10）基本电费计算：基本电费＝变压器容量（运行容量）×基本电价标准（容量价/需量价）。

11）功率因数调整电费计算。

a. 计算 $\tan\varphi$ 值。

$\tan\varphi$ 比值＝无功总电量/有功总电量

无功总电量＝无功总抄见电量＋无功变损电量＋无功线损电量

有功总电量＝有功总抄见电量＋有功变损电量＋有功线损电量

b. 通过 $\tan\varphi$ 值，查《功率因数调整电费比例对照表》得出对应的实际功率因数。

c. 核对该用户功率因数标准，根据实际功率因数，查找对应的功率因数调整电费增减率％。

d. 计算功率因数调整电费。

● 两部制电价。

功率因数调整电费＝参与调整电费×功率因数调整电费增减率（％）

参与调整电费＝基本电费＋大工业峰、谷、平各时段目录电费总和

● 单一制电价。

功率因数调整电费＝参与调整电费×功率因数调整电费增减率（％）

参与调整电费＝总表峰、谷、平各时段目录电费总和

12）计算合计电费：总电费＝结算电度电费＋基本电费＋功率因数调整电费＋代征电费。

（2）要求。

1）现场工作服，着装整洁，准考证、身份证齐全。

2）按时独立完成。

3）依据题意，电价选择正确，计算正确，错误数据使用划红线更正法进行更正。

（3）范例。

已知某 10kV 高压供电农业生产专用变压器用户，受电变压器容量为 200kVA，供用电合同中约定总表执行农业生产电价，分表的 70％执行居民生活电价，分表的 30％执行非居民照明电价，总表 1 级计量方式为高供高计，TA 变比为 15/5，装有多功能电能表的示数分别为：有功总表起码为 369.54，止码为 379.69，有功峰时段起码为 99.02，止码为 101.94，有功平时段起码为 178.37，止码为 184.26，有功谷时段起码为 92.15，止码为 93.49，无功总表起码为 492.86，止码为 502.31，分表 2 级计量方式为高供低计，倍率为 1，有功起码为 1178，止码为 2184，试求该用户当月应收电量电费各为多少？电价表（节选）见表 CH406。

表 CH406　　　　　　　　　　电价表（节选）　　　　　　　　　　单位：元

用电类别		电度电价	农网低压维护费	大中型水库移民后期扶持资金	地方水库移民后期扶持资金	可再生能源	农网改造还贷基金	城镇附加	销售电价
大工业用电	1～10kV	0.5722	0.0188	0.0083	0.0005	0.015	0.02	0.01	0.6448
一般工商业及其他用电	不满 1kV	0.9074	0.0188	0.0083	0.0005	0.015	0.02	0.013	0.983
	1～10kV	0.8874	0.0188	0.0083	0.0005	0.015	0.02	0.013	0.963

用电类别		电度电价	农网低压维护费	大中型水库移民后期扶持资金	地方水库移民后期扶持资金	可再生能源	农网改造还贷基金	城镇附加	销售电价
居民生活用电	不满 1kV	0.5094	0.0188	0.0083	0.0005	0.001	0.02	0.015	0.573
	1～10kV	0.4994	0.0188	0.0083	0.0005	0.001	0.02	0.015	0.563
农业生产用电	不满 1kV	0.5199	0.0188				0.02		0.5587
	1～10kV	0.4999	0.0188				0.02		0.5387

解：该户总表为农业生产电价，不执行分时，功率因数标准应为 0.80。

该用户倍率为＝15/5×10 000/100＝300

该用户总表有功总抄见电量＝（379.69－369.54）×300＝3045（kWh）

该用户无功总抄见电量＝（502.31－492.86）×300＝2835（kWh）

$\tan\varphi$＝总无功电量/总有功电量＝Q/P＝2835/3045＝0.931

经查表得该户实际功率因数 $\cos\varphi$＝0.73，因该户为普通工业用户，容量 200kVA，应执行 0.80，选表三，功率因数调整电费比例为＋3.5%。

该户 2 级分表总抄见电量＝（2184－1178）×1＝1006（kWh）

因分表电量的 70% 执行居民生活电价，则

对应分表结算电量＝1006×0.7＝704（kWh）

结算电费＝704×0.563＝396.35（元）

分表电量的 30% 执行非居民照明电价，则

对应分表结算电量＝1006×0.3＝302（kWh）

结算电费＝302×0.963＝290.83（元）

总表农业生产电价结算电量＝3045－1006＝2039（kWh）

该户农业生产目录电度电费＝2039×0.4999＝1019.30（元）

该户总表的力调电费＝参与调整电费的金额×调整系数＝1019.30×3.5%＝35.68（元）

该户总表代征电费＝总表结算电量×代征合计＝2039×0.0388＝79.11（元）

总表农业结算电费＝1019.30＋35.68＋79.11＝1134.09（元）

故合计电费＝总表结算电费＋分表结算电费＝1134.09＋396.35＋290.83＝1821.27（元）

答：该用户当月应收电量电费合计为 1821.27 元。

二、考核

1. 考核场地

（1）每个工位场地面积 2000mm×2000mm，可容纳 4 个工位同时操作。

（2）每个工位配有考生书写桌椅。

（3）设置 4 套评判桌椅和计时秒表。

2. 考核要点

（1）列式计算、步骤清晰。

（2）各级电量计算正确，电价类别选择正确、目录电费、力调电费、结算电费等计算正确。

（3）答题规范，单位正确。

（4）安全文明生产、按时独立完成。

3. 考核时间

（1）考核时间为 40min。

（2）许可答题时开始计时，到时停止操作。

三、评分参考标准

行业：电力工程　　　　　　工种：抄表核算收费工　　　　　　等级：四

编号	CH406	行为领域	e	鉴定范围	
考核时间	40min	题型	A	含权题分	30
试题名称	总分表客户电量电费计算（分表定比）				
考核要点及其要求	（1）列式计算、步骤清晰。 （2）各级电量计算正确，电价类别选择正确、目录电费、力调电费、结算电费等计算正确。 （3）答题规范，单位正确。 （4）安全文明生产、按时独立完成				
现场设备、工具、材料	（1）工器具：碳素笔（红、蓝或黑笔）、计算器。 （2）材料：答题试卷、电价表、功率因数调整电费比照表、变压器损耗电量查对表、白纸。 （3）设备：桌椅 1 套/工位				
备注					

		评分标准				
序号	作业名称	质量要求	分值	扣分标准	扣分原因	得分
1	电量电费的计算与审核	正确计算抄见电量	20	(1) 无分时算费业务依据，扣5分。 (2) 未正确计算倍率，扣5分。 (3) 未正确计算有功总抄见电量，扣5分。 (4) 未正确计算无功总抄见电量，扣5分		
2		正确查对功率因数表	15	(1) 未正确计算功率因数比值，扣5分。 (2) 未正确计算该户实际功率因数，扣5分。 (3) 未正确计算该户功率因数调整系数，扣5分		
3		正确计算分表电量电费	20	(1) 未正确计算分表电量，扣5分。 (2) 未正确计算分表居民电量电费，扣10分。 (3) 未正确计算分表非居民电量电费，扣5分		
4		正确计算总表电量电费	20	(1) 未正确计算总表结算电量，扣5分。 (2) 未正确计算总表目录电度电费，扣3分。 (3) 未正确计算总表力调电费，扣5分。 (4) 未正确计算总表代征电费，扣5分。 (5) 未正确计算总表结算电费，扣2分		
5		正确汇总各级结算电费	10	(1) 未正确列出公式，扣5分。 (2) 未正确计算合计电费，扣5分		
6		规范答题	5	未规范答题，单位不完整，总峰、谷、平、分表电量每栏扣1分，合计5分		

				评分标准			
序号	作业名称	质量要求	分值	扣分标准		扣分原因	得分
7	安全文明生产	文明操作，禁止违规操作，不损坏工器具，不发生安全生产事故	10	（1）有不安全行为扣总分1～5分。 （2）有违规行为扣总分1～5分。 （3）有损坏工器具行为扣总分1～5分			
考试开始时间				考试结束时间		合计	
考生栏	编号：	姓名：		所在岗位：	单位：	日期：	
考评员栏	成绩：	考评员：			考评组长：		

一、操作

1. 工器具、材料、设备

（1）工器具：碳素笔（红、蓝或黑笔）、计算器。

（2）材料：答题试卷、电价表、功率因数调整电费比例对照表、变压器损耗电量查对表、白纸。

（3）设备：桌椅 1 套/工位。

2. 注意事项

（1）考前出示证件，遵守考场规定。

（2）着装整洁，准考证、身份证齐全。

（3）按时独立完成。

3. 步骤与要求

（1）步骤。

1）根据给定条件：选择该户正确电价类别、判断是否执行分时并计算电量。

2）倍率计算：倍率＝电流互感器一次侧电流÷二次侧电流（5A）×电压互感器一次侧电压/电压互感器二次侧电压（100V）。

3）抄见电量计算：根据抄见用电客户电能表的示数、表位数和综合倍率等计算出各时段抄见电量。

抄见电量＝（本次示数－上月示数）×倍率＝本次抄见电量

计算总、峰、平、谷、无功抄见电量公式如下。

有功总抄见电量＝（有功总本次示数－有功总上次示数）×倍率

有功峰抄见电量＝（有功峰本次示数－有功峰上次示数）×倍率

有功谷抄见电量＝（有功谷本次示数－有功谷上次示数）×倍率

有功平抄见电量＝有功总抄见电量－有功峰抄见电量－有功谷抄见电量

无功总抄见电量＝（无功总本次示数－无功总上次示数）×倍率

分表电量＝（分表总本次示数－分表总上次示数）×倍率

若定比比例定在主表：定比抄见电量 $i=$ 主表总抄见电量×定比值 i。

4）计算分表的扣减电量。

主分表扣减计算，主表分时，分表不分时：分表电量要模拟峰平谷各时段进行分摊，主表各时段电量分别扣减分表（模拟）各时段电量，则

分表峰电量＝分表抄见电量×6/24

分表平电量＝分表抄见电量×10/24

分表谷电量＝分表抄见电量×8/24

5）计算剩余抄见电量：剩余抄见电量＝总表各时段电量－分表各时段电量。

6）变损计算与分摊。

a. 变损收取营业规则：用电计量装置原则上应装在供电设施的产权分界处。当用电计量装置不安装在产权分界处时，线路与变压器损耗的有功与无功电量均须由产权所有者负担。

b. 变损计算标准规定，通常根据用电客户有功总电量、无功总电量、变压器型号、变压器容量查变损对照表，找出对应的变损有功电量、无功变损电量。

通常：变压器有功损耗按各时段抄见电量比例进行分摊。

公式：损耗＝有功损耗×各时段占比例。

c. 变损分摊：变压器损耗分为有功损耗和无功损耗，通常按有功损耗和无功损耗分别执行分摊。其中计量点是定量的不参与损耗分摊。

● 主分表分摊：若一级主表下存在分表时，则当前分表的损耗按其抄见电量和主表抄见电量比分摊。

● 变压器下若存在多个一级高供低计的主表时，变压器损耗电量按每个表计的抄见电量比例分摊。

$$分表损耗 i=\frac{分表 i 抄见电量}{主表抄见电量}×总损耗$$

$$主表包底损耗 = 主表总损耗 - \sum_{i=1}^{n} 分表 i 损耗$$

● 当主分表各级计量点变损电量确定后，再按各时段（峰 6/24，平 10/24，谷 8/24）的比例进行分摊。

● 当用电客户的月用电量为零时，变压器只计空载损耗电量，空载损耗按查表计算。

7）线损计算：线损电量由线路产权所有者承担，一般按供用电合同约定的线损系数（％）计算。

8）结算电量计算：结算电量＝剩余抄见电量＋变损＋线损。

a. 有功电表结算电量公式。

有功峰结算电量＝有功峰抄见电量－扣减分表峰电量＋变损分摊电量（峰）
＋线损分摊电量（峰）

有功平结算电量＝有功平抄见电量－扣减分表平电量＋变损分摊电量（平）
＋线损分摊电量（平）

有功谷结算电量＝有功谷抄见电量－扣减分表谷电量＋变损分摊电量（谷）
＋线损分摊电量（谷）

b. 无功结算电量＝无功总抄见电量＋无功变损电量＋无功线损电量

c. 分表结算电量 i＝分表抄见电量 i＋分表变损电量 i

（2）要求。

1）现场工作服，着装整洁，准考证、身份证齐全。

2）按时独立完成。

3）依据题意，电价选择正确，计算正确，错误数据使用划红线更正法进行更正。

（3）范例。

已知某 10kV 高压供电普通工业户，计量方式为高供低计，TA＝600/5，有功表总起码为 300，止码为 350，有功峰起码 75，止码为 87，有功谷起码 100，止码为 117，假设变损为 480kWh，2 级定比 0.2 为非居民，无线损，试求该用户普通工业有功总、峰、谷、功平结算电量及 2 级非居民结算电量分别为多少？

解：该用户倍率为＝600÷5＝120

该用户有功总抄见电量＝120×（350－300）＝6000（kWh）

该用户有功峰抄见电量＝120×（87－75）＝1440（kWh）

该用户有功谷抄见电量＝120×（117－100）＝2040（kWh）

该用户有功平抄见电量＝6000－1440－2040＝2520（kWh）

该用户 2 级非居民有功抄见电量＝120×（350－300）×0.2＝1200（kWh）

变损分摊到非居民定比分表＝480×0.2＝96（kWh）

变损分摊到普通工业＝480－96＝384（kWh）

按比例峰 6/24，谷 8/24，平 10/24，分摊变损，及扣除分表电量

扣除分表有功峰分摊电量＝1200×6/24＝300（kWh）

扣除分表有功谷分摊电量＝1200×8/24＝400（kWh）

扣除分表有功平分摊电量＝1200－300－400＝500（kWh）

变损有功峰分摊电量＝384×6/24＝96（kWh）

变损有功谷分摊电量＝384×8/24＝128（kWh）

变损有功平分摊电量＝384－96－128＝160（kWh）

该用户普通工业有功峰结算电量＝1440－300＋96＝1236（kWh）

该用户普通工业有功谷结算电量＝2040－400＋128＝1768（kWh）

该用户普通工业有功平结算电量＝2520－500＋160＝2180（kWh）

该用户非居民有功结算电量＝1200＋96＝1296（kWh）

答：该用户普通工业有功峰结算电量1236kWh，有功谷结算电量1768kWh，有功平结算电量2180kWh，2级非居民结算电量1296kWh。

（4）操作要求。

1）根据题意，独立、按时完成。

2）单位用文字或字母正确表示。

3）正确计算各级电量，步骤清晰。

二、考核

1. 考核场地

（1）每个工位场地面积2000mm×2000mm，可容纳4个工位同时操作。

（2）每个工位配有考生书写桌椅。

（3）设置4套评判桌椅和计时秒表。

2. 考核要点

（1）列式计算、步骤清晰。

（2）电量计算正确，变损电量、分时段电量分摊扣减、结算电量等是否计算正确。

（3）答题规范，单位正确。

3. 考核时间

（1）考核时间为40min。

（2）许可答题时开始计时，到时停止操作。

三、评分参考标准

行业：电力工程　　　　　工种：抄表核算收费工　　　　　等级：四

编号	CH407	行为领域	e	鉴定范围	
考核时间	40min	题型	A	含权题分	30
试题名称	高供低计客户分时电量核算				
考核要点及其要求	（1）列式计算、步骤清晰。 （2）各级电量计算正确，如抄见电量、变损电量、分时段分摊扣减电量、结算电量等是否计算正确。 （3）答题规范，单位正确。 （4）安全文明生产、按时独立完成				
现场设备、工具、材料	（1）工器具：碳素笔（红、蓝或黑笔）、计算器。 （2）材料：答题试卷、电价表、功率因数调整电费比照表、变压器损耗电量查对表、白纸。 （3）设备：桌椅1套/工位				
备注	1级总表分时，2级定比				

		评分标准				
序号	作业名称	质量要求	分值	扣分标准	扣分原因	得分
1	电量电费的计算与审核	正确计算抄见电量	20	（1）未正确计算倍率，扣3分。 （2）未正确计算有功总抄见电量，扣3分。 （3）未正确计算有功峰抄见电量，扣3分。 （4）未正确计算有功谷抄见电量，扣3分。 （5）未正确计算有功平抄见电量，扣3分。 （6）未正确计算2级分表抄见电量，扣5分		
2		正确计算变损电量	10	（1）未正确计算分表变损分摊电量，扣5分。 （2）未正确计算总表剩余电量的变损分摊，扣5分		
		正确计算分表各时段电量	18	（1）未正确计算分表峰时段分摊电量，扣6分。 （2）未正确计算分表谷时段分摊电量，扣6分。 （3）未正确计算分表平时段分摊电量，扣6分		
3		正确计算总表各时段变损电量分摊	18	（1）未正确计算总表峰时段变损分摊电量，扣6分。 （2）未正确计算总表谷时段变损分摊电量，扣6分。 （3）未正确计算总表平时段变损分摊电量，扣6分		
4		正确计算各级结算电量	20	（1）未正确计算总表有功峰段结算电量，扣5分。 （2）未正确计算总表有功谷段结算电量，扣5分。 （3）未正确计算总表有功平段结算电量，扣5分。 （4）未正确计算分表有功结算电量，扣5分		
5		规范答题	4	未规范答题，单位不完整，总峰、谷、平、分表电量每栏扣1分，合计4分		

序号	作业名称	质量要求	分值	扣分标准	扣分原因	得分
				评分标准		
6	安全文明生产	文明操作，禁止违规操作，不损坏工器具，不发生安全生产事故	10	（1）有不安全行为扣总分1～5分。 （2）有违规行为扣总分1～5分。 （3）有损坏工器具行为扣总分1～5分		
考试开始时间			考试结束时间		合计	
考生栏	编号：　　姓名：		所在岗位：	单位：	日期：	
考评员栏	成绩：　　考评员：			考评组长：		

一、操作

1. 工器具、材料、设备

（1）工器具：碳素笔（红、蓝或黑笔）、计算器。

（2）材料：答题试卷、电价表、白纸。

（3）设备：桌椅1套/工位。

2. 注意事项

（1）考前出示证件，遵守考场规定。

（2）着装整洁，准考证、身份证齐全。

（3）按时独立完成。

3. 步骤与要求

（1）步骤。

基本电费：基本电费是根据用电客户变压器的容量或最大需量和国家批准的基本电价计收的电费。

1）按容量计算基本电费：一般情况下，基本电费＝变压器容量（运行容量）×基本电价（容量价）

2）《供电营业规则》规定，按容量计算的大工业用户暂停期满或每一日历年内累计暂停用电时间超过6个月者，不论用户是否申请恢复用电，供电企业须从期满之日起，按合同约定的容量计收其基本电费。

3）在暂停期限内，用户申请恢复暂停用电容量用电时，须在预定恢复日前5天向供电企业提出申请。暂停时间少于15天者，暂停期间基本电费照收。

4）基本电费以月计算，但新装、增容、变更与终止用电当月的基本电费，按实用天数计算，每日为全月基本电费的1/30；事故停电、检修停电、计划限电不扣减基本电费。

5）正确选择基本电价：根据题意查电价表按大工业用户容量（或需量）不同的计费方式选择计收基本电价。

6）若用电变更后容量发生改变的，基本电费＝（原变压器容量×变更前变压器实际运行天数）/30×基本电价＋（变更后变压器容量×变更后变压器实际运行天数）/30×基本电价

其中变更时按每台变压器进行计算。

7）基本电费的其他规定：基本电费可按变压器容量计算，也可按最大需量计算。

一般情况下，基本电费计价方式由用电客户自主选择，一个日历年内不变。

8）其他营业规定：抄表例日遵循的原则如下。

a. 抄表例日应相对固定，抄表例日一经确定，不得随意变更，抄表人员应按照规定（约定）的时间进行抄表。

b. 低压用户抄表册，在每月 5～16 日抄表；一般专用变压器用户抄表册，在每月 5～20 日抄表；大宗专用变压器用户抄表册，在每月 21～22 日抄表；特大专用变压器用户（零点）抄表册，在每月 24 日抄表。

（2）要求。

1）现场工作服，着装整洁，准考证、身份证齐全。

2）按时独立完成。

3）依据题意，电价选择正确，计算正确，错误数据使用划红线更正法进行更正。

（3）范例。

某大工业用户，2013 年 8 月新装投运两台受电变压器 315kVA、500kVA，合同约定基本电费按变压器容量计收，基本电价为 28 元/kVA/月，抄表日程为每月 22 日。2014 年 1 月 1 日暂停 315kVA，且于 2014 年 1 月 12 日恢复，请问该用户 2014 年 1 月基本电费是多少？

解：根据《供电营业规则》规定，大工业用户暂停期间，暂停时间不得少于 15 天，少于 15 天的基本电费照收，该用户在 2014 年 1 月 1 日暂停 315kVA，且于 2014 年 1 月 12 日恢复，暂停 11 天，小于 15 天，应收 315kVA 全月基本电费。

基本电费容量＝500＋315＝815（kVA）

基本电费＝815×28＝22 820（元）

答：该用户 2014 年 1 月应交纳基本电费 22 820 元。

二、考核

1. 考核场地

（1）每个工位场地面积 2000mm×2000mm，可容纳 4 个工位同时操作。

（2）每个工位配有考生书写桌椅。

（3）设置 4 套评判桌椅和计时秒表。

2. 考核要点

（1）计算基本电费的业务依据正确。《供电营业规则》规定，暂停时间不得少于 15 天，少于 15 天的基本电费照收。

（2）认真审题，根据现行电价政策和用电客户的实际使用情况对其进行基本电费计算。

（3）规范答题、单位完整。

（4）安全文明生产。

3. 考核时间

（1）考核时间为 30min。

（2）许可答题时开始计时，到时停止操作

三、评分参考标准

行业：电力工程　　　　　　　　工种：抄表核算收费工　　　　　　　　等级：四

编号	CH408	行为领域	e	鉴定范围	
考核时间	30min	题型	A	含权题分	30
试题名称	大工业用户暂停按容量计算基本电费				
考核要点及其要求	（1）计算基本电费的业务依据正确。 （2）认真审题，根据要求正确计算基本电费。 （3）规范答题、单位完整。 （4）安全文明生产、按时独立完成				
现场设备、工具、材料	（1）工器具：碳素笔（红、蓝或黑笔）、计算器。 （2）材料：答题试卷、电价表、白纸。 （3）设备：桌椅 1 套				
备注	对基本电费的计算可任意选择三组之一进行考核				
评分标准					

序号	作业名称	质量要求	分值	扣分标准	扣分原因	得分
1	电量电费的计算与审核	基本电费算费的业务依据必须正确	30	《供电营业规则》中关于基本电费业务依据错误，扣30分		
2		计算运行变压器的实际使用天数必须正确	20	未正确计算运行变压器实际天数，扣20分		
3	电量电费的计算与审核	正确计算变更业务的基本电费	35	（1）未正确列出公式，扣20分。 （2）未正确计算基本电费合计值，扣15分		
		规范答题	5	未规范答题，单位不完整，扣5分		

评分标准						
序号	作业名称	质量要求	分值	扣分标准	扣分原因	得分
4	安全文明生产	文明操作，禁止违规操作，不损坏工器具，不发生安全生产事故	10	（1）有不安全行为扣总分1～5分。 （2）有违规行为扣总分1～5分。 （3）有损坏工器具行为扣总分1～5分		
考试开始时间				考试结束时间	合计	
考生栏	编号：	姓名：		所在岗位：	单位：	日期：
考评员栏	成绩：	考评员：			考评组长：	

CH409 两部制电价用户热备、冷备基本电费的计算

一、操作

1. 工器具、材料、设备

（1）工器具：碳素笔（红、蓝或黑笔）、计算器。

（2）材料：答题试卷、电价表、白纸。

（3）设备：桌椅1套/工位。

2. 注意事项

（1）考前出示证件，遵守考场规定。

（2）着装整洁，准考证、身份证齐全。

（3）按时独立完成。

3. 步骤与要求

（1）步骤。

基本电费：基本电费是根据用电客户变压器的容量或最大需量和国家批准的基本电价计收的电费。

1）按容量计算基本电费：一般情况下，基本电费＝变压器容量（运行容量）×基本电价（容量价）。

2）《供电营业规则》规定，对备用的变压器（含高压电动机），属于冷备状态并经供电企业加封的，不收基本电费；属于热备状态或未经加封的，不论使用与否都计收基本电费。客户专为调整用电功率因数的设备，如电容器、调相机等，不计收基本电费。

3）正确选择基本电价：根据题意查电价表按大工业用户容量（或需量）不同的计费方式选择计收基本电价。

4）基本电费以月计算，但新装、增容、变更与终止用电当月的基本电费，按实用天数计算，每日为全月基本电费的1/30；事故停电、检修停电、计划限电不扣减基本电费。

基本电费＝运行变压器容量×基本电价×变压器实际运行天数×1/30

（2）要求。

1）现场工作服，着装整洁，准考证、身份证齐全。

2）按时独立完成。

3）依据题意，电价选择正确，计算正确，错误数据使用划红线更正法进行更正。

（3）范例。

某大工业用户，2013年2月新装投运受电变压器1000kVA3台，其中一台为热备，一台冷备用（供电企业已加封），一台投入运行，合同约定基本电费按变压器容量计收，抄表日程为每月22日，2013年8月没有变更用电情况，请问该用户2013年8月基本电费是多少（基本电价：容量：28元/kVA/月）？

解：《供电营业规则》中规定，对备用的变压器属于热备应收基本电费；属于冷备状态并经供电企业加封的，不收基本电费。

该客户大工业运行变压器容量为 $1000 \times 2 = 2000$ （kVA）

该客户大工业的基本电费为 $1000 \times 2 \times 28 = 56\,000$ （元）

答：该用户应缴纳基本电费 56 000 元。

二、考核

1. 考核场地

（1）每个工位场地面积 2000mm×2000mm，可容纳 4 个工位同时操作。

（2）每个工位配有考生书写桌椅。

（3）设置 4 套评判桌椅和计时秒表。

2. 考核要点

（1）计算基本电费的业务依据正确。依据《供电营业规则》规定，对备用的变压器属于热备应收基本电费，对备用的变压器属于冷备用状态并经供电企业加封的，不收基本电费。

（2）认真审题，根据要求正确计算基本电费。

（3）规范答题、单位完整。

（4）安全文明生产。

3. 考核时间

（1）考核时间为 30min。

（2）许可答题时开始计时，到时停止操作。

三、评分参考标准

行业：电力工程　　　　　工种：抄表核算收费工　　　　　等级：四

编号	CH409	行为领域	e	鉴定范围	
考核时间	30min	题型	A	含权题分	30
试题名称	两部制电价用户热备、冷备基本电费的计算				
考核要点及其要求	(1) 计算基本电费的业务依据正确。 (2) 认真审题，根据要求正确计算基本电费。 (3) 规范答题、单位完整。 (4) 安全文明生产、按时独立完成				
现场设备、工具、材料	(1) 工器具：工器具：碳素笔（红、蓝或黑笔）、计算器。 (2) 材料：答题试卷、电价表、白纸。 (3) 设备：桌椅1套/工位				
备注					

评分标准

序号	作业名称	质量要求	分值	扣分标准	扣分原因	得分
1	电量电费的计算与审核	基本电费算费的业务依据必须正确	30	《供电营业规则》中关于基本电费业务依据错误，扣30分		
2		计算运行变压器的实际使用容量必须正确	20	未正确计算运行变压器实际容量，扣20分		
3		正确计算变更业务的基本电费	35	(1) 未正确列出公式，扣20分。 (2) 未正确计算基本电费合计值，扣15分		
4		规范答题	5	未规范答题，单位不完整，扣5分		
5	安全文明生产	文明操作，禁止违规操作，不损坏工器具，不发生安全生产事故	10	(1) 有不安全行为扣总分1~5分。 (2) 有违规行为扣总分1~5分。 (3) 有损坏工器具行为扣总分1~5分		
考试开始时间			考试结束时间		合计	
考生栏	编号：　　姓名：		所在岗位：		单位：　　　日期：	
考评员栏	成绩：　　考评员：			考评组长：		

一、操作

1. 工器具、材料、设备

（1）工器具：碳素笔（红、蓝或黑笔）、计算器。

（2）材料：答题试卷、电价表、功率因数调整电费比例对照表、变压器损耗电量查对表、白纸。

（3）设备：桌椅1套/工位。

2. 注意事项

（1）考前出示证件，遵守考场规定。

（2）着装整洁，准考证、身份证齐全。

（3）按时独立完成。

3. 步骤与要求

（1）步骤。

1）根据给定条件：选择该户正确电价类别、判断是否执行分时、根据不同用电性质判断应执行的功率因数标准。

2）倍率计算：倍率＝电流互感器一次侧电流÷二次侧电流（5A）×电压互感器一次侧电压÷电压互感器二次侧电压（100V）。

3）计算抄见电量。

抄见电量（kWh）＝（抄见止码－抄见起码）×倍率

总表有功抄见电量＝（有功总抄见止码－抄见起码）×倍率

总表无功抄见电量＝（无功总抄见止码－抄见起码）×倍率

分表电量＝（分表抄见止码－抄见起码）×倍率

4）计算总表剩余抄见电量：总表剩余抄见电量＝总表电量－分表电量。

5）结算电量计算。

总表计费电量＝总表抄见电量－分表电量

分表计费电量＝分表抄见电量

6）目录电度电费计算：根据题意选择正确电价。

目录电费＝各时段结算电量×各时段目录电价

其中，平电价＝基础目录电价

峰电价＝基础目录电价×180％

谷电价＝基础目录电价×48％

电度电费＝结算电量×电度电价（目录电度电价＋代征）

7）功率因数调整电费计算

a. 计算 $\tan\varphi$ 值。$\tan\varphi$＝无功总电量/有功总电量

b. 通过 $\tan\varphi$ 值，查《功率因数调整电费比例对照表》得出对应的实际功率因数。

c. 核对该用户功率因数标准，根据实际功率因数，查找对应的功率因数调整电费增减率％。

d. 单一制电价计算功率因数调整电费公式如下。

功率因数调整电费＝参与调整电费×功率因数调整电费增减率（％）

参与调整电费＝总表峰、谷、平各时段目录电费总和

8）代征电费计算。

代征电费＝各分类结算电量×代征综合电价

9）计算合计电费：总电费＝结算电度电费＋功率因数调整电费＋代征电费。

（2）要求。

1）现场工作服，着装整洁，准考证、身份证齐全。

2）按时独立完成。

3）依据题意，电价选择正确，计算正确，错误数据使用划红线更正法进行更正。

（3）范例。

已知一 10kV 高压供电专用变压器工业用户，运行变压器容量为 200kVA，总表 1 级计量方式为高供高计执行普通工业电价，TA（CT）＝15/5，装有多功能电能表的示数分别为：有功总表起码为 369.54，止码为 379.69，有功峰时段起码为 99.02，止码为 101.94，有功平时段起码为 178.37，止码为 184.26，有功谷时段起码为 92.15，止码为 93.49，无功总表起码为 492.86，止码为 502.31，2 级计费电表倍率为 1，执行非居民照明电价，有功总表起码为 12646，21，止码为 13808.96，试求该用户当月应收电量电费各为多少？电价表（节选）见表 CH410。

　　　　　　　　　　　　　　电价表（节选）　　　　　　　　　　　单位：元

用电类别		电度电价	农网低压维护费	大中型水库移民后期扶持资金	地方水库移民后期扶持资金	可再生能源	农网改造还贷基金	城镇附加	销售电价
大工业用电	1～10kV	0.5722	0.0188	0.0083	0.0005	0.015	0.02	0.01	0.6448
一般工商业及其他用电	不满 1kV	0.9074	0.0188	0.0083	0.0005	0.015	0.02	0.013	0.983
	1～10kV	0.8874	0.0188	0.0083	0.0005	0.015	0.02	0.013	0.963
居民生活用电	不满 1kV	0.5094	0.0188	0.0083	0.0005	0.001	0.02	0.015	0.573
	1～10kV	0.4994	0.0188	0.0083	0.0005	0.001	0.02	0.015	0.563

解：该用户倍率为＝15/5×10000/100＝300

该用户有功总抄见电量＝（379.69－369.54）×300＝3045（kWh）

该用户有功峰抄见电量＝（101.94－99.02）×300＝876（kWh）

该用户有功平抄见电量＝（184.26－178.37）×300＝1767（kWh）

该用户有功谷抄见电量＝（93.49－92.15）×300＝402（kWh）

该用户无功总抄见电量＝（502.31－492.86）×300＝2835（kWh）

该户 2 级非居民分表总抄见电量＝（13808.96－12646.21）×1＝1163（kWh）

$\tan\varphi$＝总无功电量/总有功电量＝Q/P＝2835/3045＝0.931，经查表得该户实际功率因数 $\cos\varphi$＝0.73，因该户为普通工业用户，容量 200kVA，应执行 0.90，查表 CH403 - 1，功率因数调整电费比例为＋8.5％。

按比例峰 6/24，谷 8/24，平 10/24，在总表内扣除分表电量

扣除分表有功峰分摊电量＝1163×6/24＝291（kWh）

扣除分表有功谷分摊电量＝1163×8/24＝388（kWh）

扣除分表有功平分摊电量＝1163－291－388＝484（kWh）

该用户普通工业有功峰结算电量＝876－291＝585（kWh）

该用户普通工业有功平结算电量＝1767－484＝1283（kWh）

该用户普通工业有功谷结算电量＝402－388＝14（kWh）

该户普通工业峰段目录电度电费＝585×0.8874×1.8＝934.42（元）

该户普通工业平段目录电度电费＝1283×0.8874＝1138.53（元）

该户普通工业谷段目录电度电费＝14×0.8874×0.48＝5.96（元）

该户总表的力调电费＝参与调整电费的金额×调整系数

$$＝（934.42＋1138.53＋5.96）×8.5％$$
$$＝2078.90×8.5％＝176.71（元）$$

该户总表代征电费＝总表结算电量×代征综合电价＝$(3045-1163) \times 0.0756 = 142.28$（元）

总表结算电费＝$934.42+1138.53+5.96+176.71+142.28=2397.89$（元）

分表结算电费＝$1163 \times 0.963 = 1119.97$（元）

该户合计电费＝总表结算电费＋分表结算电费＝$2397.89+1119.97=3517.86$（元）

答：该用户当月应收电量电费合计为 3517.86 元。

二、考核

1. 考核场地

(1) 每个工位场地面积 2000mm×2000mm，可容纳 4 个工位同时操作。

(2) 每个工位配有考生书写桌椅。

(3) 设置 4 套评判桌椅和计时秒表。

2. 考核要点

(1) 列式计算、步骤清晰。

(2) 各级电量计算正确，电价类别选择正确、目录电费、力调电费、结算电费等计算正确。

(3) 答题规范，单位正确。

(4) 安全文明生产、按时独立完成。

3. 考核时间

(1) 考核时间为 40min。

(2) 许可答题时开始计时，到时停止操作

三、评分参考标准

行业：电力工程　　　　　　工种：抄表核算收费工　　　　　　等级：四

编号	CH410	行为领域	e	鉴定范围	
考核时间	40min	题型	A	含权题分	30
试题名称	高供高计普通工业客户电量电费计算（无线变损）				
考核要点及其要求	(1) 列式计算、步骤清晰。 (2) 各级电量计算正确，电价类别选择正确、目录电费、力调电费、结算电费等计算正确。 (3) 答题规范，单位正确。 (4) 安全文明生产、按时独立完成				
现场设备、工具、材料	(1) 工器具：碳素笔（红、蓝或黑笔）、计算器。 (2) 材料：答题试卷、电价表、功率因数调整电费比照表、变压器损耗电量查对表、白纸。 (3) 设备：桌椅 1 套/工位				
备注	1 级总表分时，无基本电费，2 级分表有电量				

		评分标准				
序号	作业名称	质量要求	分值	扣分标准	扣分原因	得分
1	电量电费的计算与审核	正确计算抄见电量	21	(1) 未正确计算倍率,扣3分。 (2) 未正确计算总表有功各时段抄见电量,每栏扣3分,合计12分。 (3) 未正确计算分表总抄见电量,扣3分。 (4) 未正确计算无功总抄见电量,扣3分		
2		正确查对功率因数表	12	(1) 未正确计算功率因数比值,扣4分。 (2) 未正确计算该户实际功率因数,扣4分。 (3) 未正确查找该户功率因数调整系数,扣4分		
3		正确计算总分表结算电量	19	(1) 未正确列出分表分摊依据,扣5分。 (2) 未正确计算分表各时段扣减分表电量,每栏扣4分,合计12分。 (3) 未正确计算总表结算各时段电量,每栏扣4分,合计12分		
4		正确计算总表目录电费	15	(1) 未正确计算总表峰段目录电费,扣5分。 (2) 未正确计算总表平段目录电费,扣5分。 (3) 未正确计算总表谷段目录电费,扣5分		
5		正确计算总表力调电费	10	(1) 未正确列出公式,扣5分。 (2) 未正确计算总表功率因数调整电费,扣5分		
6		正确计算分表结算电费	5	未正确计算分表结算电费,扣5分		

序号	作业名称	质量要求	分值	扣分标准	扣分原因	得分
				评分标准		
7	电量电费的计算与审核	正确汇总合计电费	5	未正确计算合计电费，扣5分		
8		规范答题	3	未规范答题，单位不完整，总峰、谷、平、分表电量每栏扣1分，合计3分		
9	安全文明生产	文明操作，禁止违规操作，不损坏工器具，不发生安全生产事故	10	（1）有不安全行为扣总分1~5分。（2）有违规行为扣总分1~5分。（3）有损坏工器具行为扣总分1~5分		
	考试开始时间			考试结束时间	合计	

考生栏　编号：　姓名：　　所在岗位：　　单位：　　日期：

考评员栏　成绩：　考评员：　　　　考评组长：

多电价客户电费违约金计算

一、操作

1. 工器具、材料、设备

(1) 工器具：碳素笔（红、蓝或黑笔）、计算器。

(2) 材料：答题试卷、白纸。

(3) 设备：桌椅 1 套/工位。

2. 注意事项

(1) 考前出示证件，遵守考场规定。

(2) 着装整洁，准考证、身份证齐全。

(3) 按时独立完成。

3. 步骤与要求

(1) 步骤。

1) 分别说明该户总表和分表收取电费滞纳违约金的标准。已知客户用电类别情况下，总表属于"其他客户"，首先辨别是否存在跨年度欠费。若存在跨年度欠费，应分当年、跨年分别说明电费滞纳违约金执行标准。居民照明分表属于"居民客户"类别，不考虑是否跨年，执行统一的居民客户电费滞纳违约金标准。

2) 根据欠费是否跨年度分段计算总表欠费天数，天数＝交纳日－逾期之日。

3) 列出电费滞纳违约金计算公式。

居民电费滞纳违约金＝欠费金额×欠费天数×0.001

其他客户当年电费滞纳违约金＝欠费金额×欠费天数×0.002

其他客户跨年度电费滞纳违约金＝欠费金额×欠费天数×0.003

4) 将欠费金额和欠费时间代入公式，计算应交纳的违约金。

(2) 要求。

1) 根据有关规定，客户在供电企业规定的期限内未缴清电费时应承担电费滞纳的违约责任。

2) 根据欠费客户用电类别，欠费金额和欠费起讫时间已知，按照不同用电分类、当年欠费或跨年度欠费分别计算电费滞纳违约金后求和。

3）居民客户违约金计算规定为：每日按欠费总额的0.1%累加计收，总额不足1元者按1元收取。其他客户违约金计算规定为：当年欠费部分，每日按欠费总额的0.2%累加计收；跨年度欠费部分，每日按欠费总额的0.3%累加计收。

4）错误数据使用划红线更正法进行更正。

（3）范例。

某机床厂2012年12月电费总额为3400元，其中居民生活分表电费为1800元。供用电合同约定交费日期为每月30日前。该电力客户2013年1月18日才到供电企业缴纳上月电费，试求该客户2013年1月应缴纳电费违约金多少元。

解：

1）规则说明：根据《供电营业规则》规定，居民客户每日按欠费总额的0.1%计算电费违约金；其他客户：当年按欠费总额的0.2%计算电费违约金，跨年按欠费总额的0.3%计算电费违约金。

2）计算数据：客户名称为机床厂，说明该客户为普通工业用电类别。欠费天数应按照居民欠费和其他用电欠费分别计算违约金。

居民欠费天数：（31−30）+18=19（天）

其他用电欠费时期分为当年和跨年两部分。

当年欠费天数：31−30=1（天）

跨年欠费天数=18天

计算居民照明分表电费违约金=1800×19×0.001=34.2（元）

计算其他用电当年电费违约金=（3400−1800）×1×0.002=3.2（元）

计算其他用电跨年电费违约金=（3400−1800）×18×0.003=86.4（元）

求和=34.2+3.2+86.4=123.8（元）

答：该客户2013年1月应缴纳电费违约金123.8元。

二、考核

1. 考核场地

（1）每个工位场地面积2000mm×2000mm，可容纳4个工位同时操作。

（2）每个工位配有考生书写桌椅。

（3）设置4套评判桌椅和计时秒表。

2. 考核要点

（1）违约金收取标准执行正确。

（2）欠费天数计算正确。

（3）不同用电类别当年和跨年电费违约金分段计算。

（4）应缴违约金计算结论正确。

3.考核时间

（1）考核时间为 15min。

（2）许可答题时开始计时，到时停止操作。

三、评分参考标准

行业：电力工程　　　　　　工种：抄表核算收费工　　　　　　等级：四

编号	CH411	行为领域	e	鉴定范围	
考核时间	15min	题型	A	含权题分	20
试题名称	多电价客户电费违约金计算				
考核要点 及其要求	（1）违约金收取标准执行正确。 （2）欠费天数计算正确。 （3）不同用电类别当年和跨年电费违约金分段计算。 （4）应缴违约金计算结论正确				
现场设备、 工具、材料	（1）工器具：碳素笔（红、蓝或黑笔）、计算器。 （2）材料：答题试卷、白纸。 （3）设备：桌椅1套/工位				
备注					

			评分标准			
序号	作业名称	质量要求	分值	扣分标准	扣分原因	得分
1	执行标准	正确说明有关规定	20	（1）居民客户违约金标准执行错误扣5分。 （2）其他客户当年违约金标准执行错误扣5分。 （3）其他客户跨年违约金标准执行错误扣10分		
2	欠费天数	正确计算欠费天数	20	（1）有说明结果错，居民部分错扣5分，其他当年部分错扣5分，其他跨年部分错扣10分。 （2）只有结果没有说明，结果错误扣20分		
3	公式	正确列出计算公式	30	按步骤分类正确写出计算公式，每错一项扣5分		

				评分标准			
序号	作业名称	质量要求	分值	扣分标准		扣分原因	得分
4	计算	按不同收取标准正确计算违约使用电费并求和	20	（1）单项计算结果错误扣5分。 （2）总计错误扣5分			
5	答题	正确完整答题	5	答题错误扣5分			
6	错误数据更正	使用划红线法进行更正	5	（1）有错误未使用该法更正扣5分。 （2）无错误需要更正该项直接得分			
考试开始时间				考试结束时间		合计	
考生栏	编号：	姓名：		所在岗位：	单位：		日期：
考评员栏	成绩：	考评员：			考评组长：		

高价低接客户违约使用电费计算

一、操作

1. 工器具、材料、设备

(1) 工器具：碳素笔（红、蓝或黑笔）、计算器。

(2) 材料：答题试卷、白纸。

(3) 设备：桌椅1套/工位。

2. 注意事项

(1) 考前出示证件，遵守考场规定。

(2) 着装整洁，准考证、身份证齐全。

(3) 按时独立完成。

3. 步骤与要求

(1) 步骤。

1) 说明高价低接属违约用电行为，供电企业对查获的违约用电行为应及时予以制止。

2) 确定用电客户违约用电时间。没有实际用电时间的，按3个月计算。

3) 列出违约使用电费计算公式。

4) 将差额电费和违约用电天数代入公式，计算应缴纳的违约使用电费。

5) 答题完成交卷。

(2) 要求。

1) 根据有关规定，客户在电价低的供电线路上，擅自接用电价高的用电设备或私自改变用电类别，属于违约用电行为，并应承担相应的违约责任。

2) 按违约客户的正常电价、违约接入的低电价，违约用电的日期及违约期间的用电量，计算该客户的违约使用电费。

3) 擅自高价低接，应按实际使用日期补交其差额电费，并承担两倍差额电费的违约使用电费。使用起讫日期难以确定的，实际使用时间按3个月计算。

4）错误数据使用划红线更正法进行更正。

（3）范例。

供电企业在进行营业普查时发现，一网吧擅自在某小学上搭表用电，用电负荷 3000W，用电时间为 2013 年 5 月 2 日～6 月 7 日。试求该网吧应缴纳的违约使用电费（假设居民电价为 0.57 元/kWh、商业电价为 0.94 元/kWh）。

解：

1）规则说明：根据《供电营业规则》规定，高价低接属违约用电行为，供电企业对查获的违约用电行为应及时予以制止。

2）计算数据：

已知起讫日期：31－2＋7＝36（天）

未知起讫日期，按 3 个月计算：30×3＝90（天）

差额电费＝违约用电量×（高电价－低电价）＝（3000/1000）×6（h）×36×（0.94－0.57）＝239.76（元）

根据《电力供应与使用条例》第四十条和《供电营业规则》第一百条规定：

违约使用电费＝差额电费×2＝239.76×2＝479.52（元）

答：该网吧应缴纳的违约使用电费为 479.52 元。

二、考核

1. 考核场地

（1）每个工位场地面积 2000mm×2000mm，可容纳 4 个工位同时操作。

（2）每个工位配有考生书写桌椅。

（3）设置 4 套评判桌椅和计时秒表。

2. 考核要点

（1）说明违约用电应及时制止。

（2）差额电费计算正确。

（3）违约用电天数计算正确。

（4）应缴违约金计算结论正确。

3. 考核时间

（1）考核时间为 15min。

（2）许可答题时开始计时，到时停止操作。

三、评分参考标准

行业：电力工程　　　　　　工种：抄表核算收费工　　　　　　等级：四

编号	CH412	行为领域	e	鉴定范围	
考核时间	15min	题型	A	含权题分	20
试题名称	高价低接客户电费违约金计算				
考核要点及其要求	(1) 说明违约用电应及时制止。 (2) 违约用电天数计算正确。 (3) 差额电费计算正确。 (4) 应缴违约金计算结论正确				
现场设备、工具、材料	(1) 工器具：碳素笔（红、蓝或黑笔）、计算器。 (2) 材料：答题试卷、白纸。 (3) 设备：桌椅1套/工位				
备注					

评分标准

序号	作业名称	质量要求	分值	扣分标准	扣分原因	得分
1	规范表述	正确说明有关规定	20	未说明扣20分		
2	违约用电天数	正确计算违约用电天数	20	计算错误扣20分		
3	计算差额电费	正确计算差额电费	20	(1) 公式错误扣10分。 (2) 公式对，结果错误扣10分		
4	计算违约金	正确计算违约金	30	(1) 公式错误扣20分。 (2) 计算结果错误扣10分		
5	答题	正确完整答题	5	答题错误扣5分		
6	错误数据更正	使用划红线法进行更正	5	(1) 有错误未使用该法更正扣5分。 (2) 无错误需要更正该项直接得分		
考试开始时间			考试结束时间		合计	
考生栏	编号：　　姓名：		所在岗位：	单位：	日期：	
考评员栏	成绩：　　考评员：			考评组长：		

CH413 SG186坐收收费及缴费方式更改

一、操作

1. 工器具、材料、设备

（1）工器具：碳素笔（红、蓝或黑笔）、计算器。

（2）材料：工作证件、业务工作单、现金缴款单如图 CH507 所示。

（3）设备：SG186 营销业务模拟系统、计算机 1 台/工位。

2. 安全要求

注意带电设备的安全操作。

3. 步骤与要求

（1）步骤。

1）根据分配的工号和密码，登录 SG186 营销业务模拟系统。

2）在 SG186 营销业务模拟系统内，对某户的欠费收缴方式更改为坐收。

3）在 SG186 营销业务模拟系统内，对某户以现金收取 500 元，不设找零。

4）在 SG186 营销业务模拟系统内，对某户以一张金额为 5 万元的进账单收费，且资金已到账，到账信息：银行票据号码为"××××"，票据银行为"××××"，收取金额全额销账。

5）填写现金交款单，将当日所收的 500 元现金存入公司电费资金专用账户。其中，缴款人为考生考号，收款单位为国网湖北省电力公司××××供电公司，账号为××××。

6）清理现场，文明作业。

（2）要求。

1）在 SG186 营销业务模拟系统内，完成缴费方式更改。

2）在 SG186 营销业务模拟系统内，完成现金收费操作。

3）在 SG186 营销业务模拟系统内，完成进账单收费操作。

4）填写现金缴款单。

二、考核

1. 考核场地

(1) 每组操作面积不小于2000mm×2000mm，场地面积能同时容纳4组计算机。

(2) 每个工位配有考生书写桌椅。

(3) 设置4套评判桌椅和计时秒表。

2. 考核要点

(1) 缴费方式更改正确。

(2) 现金收费正确。

(3) 进账单收费正确。

(4) 正确填写现金交款单。

(5) 安全文明生产。

3. 考核时间

(1) 考核时间为15min。

(2) 考核前准备工作不计入考核总时间内。

(3) 许可开工后开始计时，到时停止操作。

三、评分参考标准

行业：电力工程　　　　　　工种：抄表核算收费工　　　　　　等级：四

编号	CH413	行为领域	e	鉴定范围	
考核时间	15min	题型	C	含权题分	20
试题名称	SG186坐收收费及缴费方式更改				
考核要点及其要求	(1) 缴费方式更改正确。 (2) 现金收费正确。 (3) 进账单收费正确。 (4) 正确填写现金交款单。 (5) 安全文明生产				
现场设备、工具、材料	(1) 工器具：碳素笔（红、蓝或黑笔）、计算器。 (2) 材料：工作证件、业务工作单、现金交款单。 (3) 设备：SG186营销业务模拟系统、计算机1台/工位				
备注					
评分标准					

序号	作业名称	质量要求	分值	扣分标准	扣分原因	得分
1	缴费方式	正确完成缴费方式更改	25	未完成缴费方式更改扣25分		

评分标准

序号	作业名称	质量要求	分值	扣分标准	扣分原因	得分
2	现金收费	正确用现金收取一户电费	20	未完成一户现金缴费扣20分		
3	进账单收费	正确用进账单收取一户电费	25	（1）未完成一户进账单缴费扣20分。 （2）票据信息错误每项扣5分		
4	现金交款单填写	正确填写现金交款单	20	（1）未正确填写币种扣2分。 （2）未正确填写日期扣2分。 （3）未正确填写收款单位扣2分。 （4）未正确填写交款人扣2分。 （5）未正确填写账号扣2分。 （6）未正确填写款项来源扣3分。 （7）未正确填写大写金额扣4分。 （8）未正确填写小写金额扣3分		
5	安全文明生产	文明操作，禁止违规操作，不损坏工器具，不发生安全生产事故	10	（1）有不安全行为扣3分。 （2）有违规行为扣4分。 （3）有损坏工器具行为扣3分		
考试开始时间			考试结束时间		合计	
考生栏	编号：	姓名：	所在岗位：	单位：	日期：	
考评员栏	成绩：	考评员：		考评组长：		

CH414 临时用电客户（未安装计费表）电费计算

一、操作

1. 工器具、材料、设备

(1) 工器具：碳素笔（红、蓝或黑笔）、计算器。

(2) 材料：答题试卷、白纸。

(3) 设备：桌椅1套/工位。

2. 注意事项

(1) 考前出示证件，遵守考场规定。

(2) 着装整洁，准考证、身份证齐全。

(3) 按时独立完成。

3. 步骤与要求

(1) 步骤。

1) 计算未安装计费表的临时用电客户实际使用电费。

临时用电客户实际使用电费金额＝用电负荷×每天用电小时数×用电天数×电度电费单价

2) 判断该户是否应退预缴电费。

3) 计算应退客户电费金额。

4) 答题完成交卷。

(2) 要求。

1) 临时用电客户未装用电计量装置的，供电企业应根据其用电容量，供用电双方约定的每日使用时数和使用期限，计算该客户实际使用电费金额。

2) 根据《供电营业规则》有关规定：临时用电客户用电终止时，如实际使用时间不足约定期的1/2的，可退还预收电费的1/2；超过约定期限1/2的，预收电费不退。正确判断该户是否应退预缴电费。

3) 正确计算退费金额。

4) 错误数据使用划红线更正法进行更正。

（3）范例。

某农场由于天气干旱少雨，需要临时安装一台 30kW 电动机抽水抗旱。由于条件所限，未安装计费电能表。该农场与供电企业约定，每天用电 6h，期限 90 天，并预交电费 6318 元，60 天后，拆除临时用电设备中止用电。试求供电企业应退该农场电费多少元（假设农排电度电价为 0.39 元/kWh）？

解：

1）计算实际使用电费：该客户实际使用电费金额 $= 30 \times 6 \times 60 \times 0.39 = 4212$（元）。

2）规则说明：根据《供电营业规则》有关规定，临时用电客户用电终止时，如实际使用时间不足约定期的 1/2 的，可退还预收电费的 1/2；超过约定期限 1/2 的，预收电费不退。

3）判断是否退预收电费：由于该客户实际使用时间超过约定期限的一半，因此该客户预交电费不应退。

答：供电企业无需退该客户预交电费。

二、考核

1. 考核场地

（1）每个工位场地面积 2000mm×2000mm，可容纳 4 个工位同时操作。

（2）每个工位配有考生书写桌椅。

（3）设置 4 套评判桌椅和计时秒表。

2. 考核要点

（1）临时用电客户实际使用电费计算正确。

（2）说明是否应该退预交电费。

（3）退费金额计算结论正确。

3. 考核时间

（1）考核时间为 15min。

（2）许可答题时开始计时，到时停止操作。

三、评分参考标准

行业：电力工程　　　　　　工种：抄表核算收费工　　　　　　等级：四

编号	CH414	行为领域	e	鉴定范围	
考核时间	15min	题型	A	含权题分	20
试题名称	临时用电客户（未安装计费表）电费计算				

考核要点及其要求	(1) 临时用电客户实际使用电费计算正确。 (2) 说明是否应该退预交电费。 (3) 退费金额计算结论正确
现场设备、工具、材料	(1) 工器具：碳素笔（红、蓝或黑笔）、计算器。 (2) 材料：答题试卷、白纸。 (3) 设备：桌椅1套/工位
备注	

评分标准

序号	作业名称	质量要求	分值	扣分标准	扣分原因	得分
1	计算实际使用电费	正确计算实际使用电费	30	(1) 公式错误扣20分。 (2) 公式对，结果错误扣10分		
2	规范说明	准确说明相关规则内容	20	未说明扣20分		
3	判断是否退预收电费	正确判断是否应退预收电费	20	判断错误扣20分		
4	计算应退预交电费	正确计算应退交电费的金额	20	(1) 公式错误扣10分。 (2) 计算结果错误扣10分		
5	答题	正确完整答题	5	答题错误扣5分		
6	错误数据更正	使用划红线法进行更正	5	(1) 有错误未使用该法更正扣5分。 (2) 无错误需要更正该项直接得分		
考试开始时间			考试结束时间		合计	

考生栏	编号：	姓名：		所在岗位：	单位：	日期：
考评员栏	成绩：	考评员：			考评组长：	

一、操作

1. 工器具、材料、设备

（1）工器具：蓝（黑）碳素笔、红色水性笔、手电筒、计算器、低压试电笔、梯子。

（2）材料：工作证件、抄表卡片、抄表机、客户档案资料、业务工作单。

（3）设备：SG186 营销业务模拟系统，计算机 1 台/工位，装有单相、三相四线电能表的模拟抄表装置 1 台/工位。

2. 注意事项

（1）正确填用第二种工作票（抄表前工作票已填）。

（2）工作服、安全帽、绝缘鞋符合 DL/T 409—1991《电业安全工作规程（电力线路部分）》要求。

（3）上门抄表主动出示证件，使用文明用语。

（4）进入配电室抄表时，分清高低压设备，始终与高压带电设备保持 0.7m 的安全距离。

（5）使用试电笔测试电表箱等设备金属外壳不带电。

（6）抄表时应尽量避免人体接触设备外壳。

（7）使用梯子登高作业时，应有人扶持。

（8）发现客户违规用电，应做好记录，及时通知相关人员处理，不与客户发生冲突。

（9）抄表时应防止动物伤害。

（10）现场抄表时，应注意工作方式方法，维护供电企业形象。

3. 步骤与要求

（1）步骤。

1）领取抄表卡片（或抄表清单）。

2）在 SG186 营销业务应用系统根据给定抄表段制定抄表计划。共计单相表 2

块，三相四线表1块，三相四线多功能表1块，三相三线表4块。

3）用抄表卡片（或抄表清单、抄表机）现场抄表。

4）抄表时核对客户用电信息，信息错误，做好记录，填写业务工作单。

5）规范准确的抄录电能表表码。

6）在SG186营销业务应用系统正确录入电能表表码客户的用电量。

7）清理现场，文明作业。

（2）要求。

1）在SG186营销业务模拟系统内完成抄表计划的制订。

2）核对信息，按有效位数正确抄录电能表表码。

3）不得缺抄、漏抄、估抄。

4）出现抄录错误时应按营业规定正确处理。

5）对抄表现场客户信息进行判断，规范填写业务工作单。

二、考核

1. 考核场地

（1）场地面积能同时容纳4组模拟抄表装置，每组操作面积不小于2000mm×2000mm。

（2）每个工位配有考生书写桌椅。

（3）室内备有通电试验用的三相电源（有接地保护）4处以上。

（4）设置4套评判桌椅和计时秒表。

2. 考核要点

（1）准确完成抄表计划。

（2）准确抄录电能表表码。

（3）抄表卡填写规范。

（4）正确处理抄录错误。

（5）正确录入电能表表码。

（6）对客户用电信息判断及处理。

（7）安全文明生产。

3. 考核时间

（1）考核时间为30min。

（2）考核前准备工作不计入考核总时间内。

（3）许可开工后记录考核开始时间按照规定时间完成。

（4）清理现场完毕后，汇报工作终结，记录考核结束时间。

三、评分参考标准

行业：电力工程 　　　　　工种：抄表核算收费工 　　　　　等级：三

编号	CH301	行为领域	e	鉴定范围	
考核时间	30min	题型	A	含权题分	25
试题名称	现场抄表及用电信息核对				
考核要点 及其要求	(1) 正确完成抄表计划。 (2) 准确抄录电能表表码。 (3) 正确录入电能表表码。 (4) 对客户的用电信息核对及处理。 (5) 安全文明生产。 (6) 独立、按时完成				
现场设备、 工具、材料	(1) 工器具：蓝（黑）碳素笔、红色水性笔、手电筒、计算器、低压试电笔、梯子。 (2) 材料：工作证件、抄表卡片、抄表机、客户档案资料、业务工作单。 (3) SG 186营销业务模拟系统，计算机1台/工位，装有单相、三相四线电能表的模拟抄表装置1台/工位				
备注	该项操作工作票已开，危险点预控措施已交代（已做）				

评分标准

序号	作业名称	质量要求	分值	扣分标准	扣分原因	得分
1	着装	正确佩戴安全帽、工作证，穿工作服绝缘鞋	5	(1) 未穿工作服扣3分。 (2) 未穿绝缘鞋扣1分。 (3) 未戴安全帽扣1分		
2	抄表流程	正确完成抄表流程	6	(1) 未制定抄表计划扣2分。 (2) 未正确录入数据扣2分。 (3) 未正确发送至审核环节扣2分		
3	现场抄表	正确完成现场表计的抄录工作	66	(1) 单相、三相四线直通表错抄一户扣2分，共3户。 (2) 三相四线、三相三线多功能表，总有功、峰、平、谷、无功、需量抄错一项扣2分，共5块		

		评分标准				
序号	作业名称	质量要求	分值	扣分标准	扣分原因	得分
4	抄表异常	准确核对客户信息并对异常进行处理	15	（1）未发现信息错误，每处扣2分，共2处。 （2）未正确填写业务工作单扣5分。 （3）未正确发起抄表异常处理流程，每处扣3分，共2处		
5	抄录错误更正	出现抄录错误更正时，应用删除线（双横线）处理	3	未按规定处理，每处扣1分，扣完为止，不另扣分		
6	安全文明生产	文明操作，禁止违规操作，不损坏工器具，不发生安全生产事故	5	（1）有不安全行为扣总分1分。 （2）有违规行为扣总分3分。 （3）有损坏工器具行为扣总分1分		
考试开始时间			考试结束时间		合计	
考生栏	编号：	姓名：	所在岗位：	单位：	日期：	
考评员栏	成绩：	考评员：		考评组长：		

多功能电能表现场抄表及计量装置异常处理

一、操作

1. 工器具、材料、设备

（1）工器具：蓝（黑）碳素笔、红色水性笔、手电筒、计算器、低压试电笔、梯子。

（2）材料：工作证件、抄表卡片、抄表机、客户档案资料、业务工作单。

（3）设备：SG186 营销业务模拟系统，计算机 1 台/工位，装有单相、三相四线电能表的模拟抄表装置 1 台/工位。

2. 注意事项

（1）正确填用第二种工作票（考前工作票已填）。

（2）工作服、安全帽、绝缘鞋符合 DL 409—1991《电业安全工作规程（电力线路部分）》要求。

（3）上门抄表主动出示证件，使用文明用语。

（4）进入配电室抄表时，分清高低压设备，始终与高压带电设备保持 0.7m 的安全距离。

（5）使用试电笔测试电表箱等设备金属外壳不带电。

（6）抄表时应尽量避免人体接触设备外壳。

（7）使用梯子登高作业时，应有人扶持。

（8）发现客户违规用电，应做好记录，及时通知相关人员处理，不与客户发生冲突。

（9）抄表时应防止动物伤害。

（10）现场抄表时，应注意工作方式方法，维护供电企业形象。

3. 步骤与要求

（1）步骤。

1）领取抄表卡片（或抄表清单、抄表机）。

2）在 SG186 营销业务应用系统根据给定抄表段制定抄表计划。共计单相表 2

块，三相四线表 1 块，三相四线多功能表 1 块，三相三线表 4 块。

3）用抄表卡片（或抄表清单）现场抄表。

4）抄表时对抄表现场计量装置故障进行判断，若有异常，做好记录，填写业务工作单。

5）规范准确的抄录电能表表码。

6）在 SG 186 营销业务应用系统正确录入电能表表码。

7）清理现场，文明作业。

（2）要求。

1）在 SG186 营销业务模拟系统内完成抄表计划的制订。

2）核对信息，按有效位数正确抄录电能表表码。

3）不得缺抄、漏抄、估抄。

4）出现抄录错误时应按营业规定正确处理。

5）对抄表现场异常情况进行判断，规范填写业务工作单。

二、考核

1. 考核场地

（1）场地面积能同时容纳 4 组模拟抄表装置，每组操作面积不小于 2000mm×2000mm。

（2）每个工位配有考生书写桌椅。

（3）室内备有通电试验用的三相电源（有接地保护）4 处以上。

（4）设置 4 套评判桌椅和计时秒表。

2. 考核要点

（1）准确完成抄表计划。

（2）准确抄录电能表表码。

（3）抄表卡填写规范。

（4）正确处理抄录错误。

（5）正确录入电能表表码。

（6）对计量装置异常进行判断及处理。

（7）安全文明生产。

3. 考核时间

（1）考核时间为 30min。

（2）考核前准备工作不计入考核总时间内。

（3）许可开工后记录考核开始时间按照规定时间完成。

（4）清理现场完毕后，汇报工作终结，记录考核结束时间。

三、评分参考标准

行业：电力工程 　　　　　 工种：抄表核算收费工 　　　　　 等级：三

编号	CH302	行为领域	e	鉴定范围	
考核时间	30min	题型	A	含权题分	25
试题名称	现场抄表及用电信息核对				
考核要点及其要求	(1) 正确完成抄表计划。 (2) 准确抄录电能表表码。 (3) 正确录入电能表表码。 (4) 对客户的用电计量装置异常判断及处理。 (5) 安全文明生产。 (6) 独立、按时完成				
现场设备、工具、材料	(1) 工器具：蓝（黑）碳素笔、红色水性笔、手电筒、计算器、低压试电笔、梯子。 (2) 材料：工作证件、抄表卡片、客户档案资料、业务工作单。 (3) 设备：SG186营销业务模拟系统，计算机1台/工位，装有单相、三相四线电能表的模拟抄表装置1台/工位				
备注	该项操作工作票已开，危险点预控措施已交代（已做）				

评分标准

序号	作业名称	质量要求	分值	扣分标准	扣分原因	得分
1	着装	正确佩戴安全帽、工作证，穿工作服绝缘鞋	5	(1) 未穿工作服扣3分。 (2) 未穿绝缘鞋扣1分。 (3) 未戴安全帽扣1分。		
2	抄表流程	正确完成抄表流程	6	(1) 未制定抄表计划扣2分。 (2) 未正确录入数据，扣2分。 (3) 未正确发送至审核环节，扣2分。		
3	现场抄表	正确完成现场表计的抄录工作	66	(1) 单相、三相四线直通表错抄一户扣2分，共3户。 (2) 三相四线、三相三线多功能表、总有功、峰、平、谷、无功、需量抄错一项扣2分，共5块		

		评分标准				
序号	作业名称	质量要求	分值	扣分标准	扣分原因	得分
4	抄表异常	正确判断计量装置异常，并对异常进行处理	15	（1）未发现计量装置异常，每处扣2分，共2处。 （2）未正确填写业务工作单，扣5分。 （3）未正确发起抄表异常处理流程，每处扣3分，共2处		
5	抄录错误更正	出现抄录错误更正时，应用删除线（双横线）处理	3	未按规定处理，每处扣1分，扣完为止，不另扣分		
6	安全文明生产	文明操作，禁止违规操作，不损坏工器具，不发生安全生产事故	5	（1）有不安全行为扣总分1分。 （2）有违规行为扣总分3分。 （3）有损坏工器具行为扣总分1分		
考试开始时间				考试结束时间		合计
考生栏	编号：	姓名：		所在岗位：	单位：	日期：
考评员栏	成绩：	考评员：			考评组长：	

一、操作

1. 工器具、材料、设备

（1）工器具：碳素笔（红、蓝或黑笔）、计算器，SG186 营销系统。

（2）材料：答题试卷、电价表、功率因数调整电费比例对照表、变压器损耗电量查对表、白纸。

（3）设备：桌椅 1 套/工位。

2. 注意事项

（1）考前出示证件，遵守考场规定。

（2）着装整洁，准考证、身份证齐全。

（3）按时独立完成。

3. 步骤与要求

（1）步骤。

1）根据给定条件结合现行电价政策，用电客户的供用电合同，在 SG 186 营销系统中核算电量电费是否正解。

2）计算抄见电量：根据抄见用电客户电能表的示数、表位数和综合倍率等计算出各时段抄见电量。

抄见电量＝（本次示数－上月示数）×倍率＝本次抄见电量

计算总、峰、平、谷、无功抄见电量公式如下。

有功总抄见电量＝（有功总本次示数－有功总上次示数）×倍率

有功峰抄见电量＝（有功峰本次示数－有功峰上次示数）×倍率

有功谷抄见电量＝（有功谷本次示数－有功谷上次示数）×倍率

有功平抄见电量＝有功总抄见电量－有功峰抄见电量－有功平抄见电量

无功总抄见电量＝（无功总本次示数－无功总上次示数）×倍率

分表电量＝（分表总本次示数－分表总上次示数）×倍率

3）计算分表的扣减电量。

主分表扣减计算，主表分时，分表不分时：分表电量要模拟峰平谷各时段进行分摊

主表各时段电量分别扣减分表（模拟）各时段电量。

则分表峰电量＝分表抄见电量×6/24

分表平电量＝分表抄见电量×10/24

分表谷电量＝分表抄见电量×8/24

4）计算剩余抄见电量：剩余抄见电量＝总表各时段电量－分表各时段电量。

5）变损计算：变损电量计算指根据变损计算标准和变压器参数计算出变压器损耗电量以及损耗电量的分摊。

a. 变损收取营业规则：因该户的计量方式为高供低计，属用电计量装置不安装在产权分界处，则线路与变压器损耗的有功与无功电量均须由产权所有者负担。

b. 变损计算标准规定，通常根据用电客户有功总电量、变压器型号、变压器容量查变损对照表，找出对应的变损有功电量、无功变损电量。

通常：变压器有功损耗按各时段抄见电量比例进行分摊。

公式：损耗 i ＝有功损耗×抄见电量比例 i（其中 i 表示时段）。

c. 变损分摊：变压器损耗分为有功损耗和无功损耗，通常有功损耗执行分摊。其中计量点是定量的不参与损耗分摊。

● 主分表分摊：若一级主表下存在分表时，则当前分表的损耗按其抄见电量和主表抄见电量比分摊。

● 变压器下若存在多个一级高供低计的主表时，变压器损耗电量按每个表计的抄见电量比例分摊。

$$分表损耗\ i＝\frac{分表\ i\ 抄见电量}{主表抄见电量}×总损耗$$

$$主表包底损耗＝总损耗－\sum_{i=1}^{n}分表\ i\ 损耗$$

● 当主分表各级计量点变损电量确定后，再按各时段（峰 6/24，平 10/24，谷 8/24）的比例进行分摊。

● 当用电客户的月用电量为零时，变压器只计空载损耗电量，空载损耗按正常情况计算。

6）计算结算电量。

各时段结算电量＝总表各时段电量－分表分摊后时段电量＋变损分摊电量

7）目录电度电费计算：目录电度电费计算是依据用电客户的结算电量及该部分电量所对应的目录电度电价执行标准计算出来的电费，其中不含代征电费。

计算目录电费：根据题意选择正确电价类别。

目录电费＝各时段结算电量×各时段目录电价

其中，平电价＝基础目录电价

峰电价＝基础目录电价×180％

谷电价＝基础目录电价×48％

注意：每年的12月及1月为丰枯季节的枯段计费，需在基础目录电价上浮0.5分。

8）代征电费计算。

代征电费＝各时段结算电量×代征电价

9）按容量计算基本电费：一般情况下，基本电费＝变压器容量×基本电价（容量价）。

a. 按变压器容量计算基本电费的方式，需要先确定计费容量。计费容量是在计算基本电费时，参与计算的用电客户受电设备的容量值。

b. 一般在无业务变更的情况下计费容量等于受电变压器总容量。

10）计算功率因数调整电费。

a. 计算 $\tan\varphi$ 值。$\tan\varphi$ 比值＝无功总电量/有功总电量

无功总电量＝无功总抄见电量＋无功变损电量

有功总电量＝有功总抄见电量＋有功变损电量

b. 通过 $\tan\varphi$ 比值，查《功率因数调整电费比例对照表》得出对应的实际功率因数。

c. 核对该用户功率因数标准，根据实际功率因数，查找对应的功率因数调整电费增减率（％）。

d. 计算功率因数调整电费公式如下。

两部制电价功率因数调整电费＝参与调整电费

×功率因数调整电费增减率（％）

参与调整电费＝基本电费＋大工业峰、谷、平各时段目录电费总和

11）计算合计电费：总电费＝结算电度电费＋基本电费＋功率因数调整电费＋代征电费。

（2）要求。

1）现场工作服，着装整洁，准考证、身份证齐全。

2）按时独立完成。

3）依据题意，电价选择正确，计算正确，错误数据使用划红线更正法进行更正。

（3）范例。

某 10kV 供电的大工业用户，受电变压器为 315kVA，型号为 S 型，采用高供低计的计量方式，1 级计量点表计配 TA＝400/5，2 级计量点为办公照明分表，倍率为 1。合同约定每月 12 日为抄表例日，请根据抄表员 2014 年 2 月抄回的抄录示度和给定变损，计算并审核该户各项电量电费，汇总电量电费。抄表数据见表 CH303－1，电价表见表 CH303－2。

表 CH303－1　　　　　　　抄　表　数　据

计量点	出厂编号	示数类型	上次示数	本次示数	综合倍率	抄见电量
总表	58695	有功（总）	3986.87	4123.31	80	
		有功（峰）	1000.69	1032.6	80	
		有功（谷）	1120.64	1164.93	80	
		有功（平）	1865.52	1925.76	80	
		无功（总）	612.28	632.23	80	
分表	197934	有功（总）	96 169.47	97 592.5	1	

提供对应变压器损耗

变压器容量	变压器编号	电压等级	变损信息	变压器损耗
315kVA	55668146	10kV	有功变损	496
			无功变损	2811

表 CH303－2　　　　　　　电价表（节选）　　　　　　　单位：元

用电类别		电度电价	农网低压维护费	大中型水库移民后期扶持资金	地方水库移民后期扶持资金	可再生能源	农网改造还贷基金	城镇附加	销售电价
大工业用电	1～10kV	0.5722	0.0188	0.0083	0.0005	0.015	0.02	0.01	0.6448
一般工商业及其他用电	1～10kV	0.8874	0.0188	0.0083	0.0005	0.015	0.02	0.013	0.9630
城镇居民	1～10kV	0.4994	0.0188	0.0083	0.0005	0.001	0.02	0.015	0.5630
基本电价：需量：42 元/kW/月；容量：28 元/kVA/月									

解：正确答案见下表

计量点电量见表 CH303－3，目录电费明细见表 CH303－4，基本电费明细见表 CH303－5，功率因数调整电费明细见表 CH303－6，汇总电量电费明细见表 CH303－7。

表 CH303 - 3 　　　　　　　　　　计 量 点 电 量 　　　　　　　　　　单位：kW

计量点表号	示数类型	本次抄见电量	扣除分表有功	剩余抄见电量	变损分摊	结算电量
058695	有功（总）	10 915	1423	9492	431	9923
	有功（峰）	2553	356	2197	108	2305
	有功（谷）	3543	474	3069	144	3213
	有功（平）	4819	593	4226	179	4405
	无功（总）	1596		1596	2811	4407
197934	有功（总）	1423			65	1488

表 CH303 - 4 　　　　　　　　　　目 录 电 费 明 细 　　　　　　　　　　单位：元

目录电价简称		时段	有功结算电量	目录电度电价	目录电度电费	代征电价合计	代征电费
大工业	10kV	峰	2305	1.02 996	2374.06	0.0726	167.34
		谷	3213	0.274 656	882.47	0.0726	233.26
		平	4405	0.5722	2520.54	0.0726	319.8
非居民照明	10kV	平	1488	0.8874	1320.45	0.0756	112.49

表 CH303 - 5 　　　　　　　　　　基 本 电 费 明 细 　　　　　　　　　　单位：元

基本电费分类	基费计费量值	基本电价	基本电费金额
按需量		42	
按容量	315	28	8820

表 CH303 - 6 　　　　　　　　　　功率因数调整电费明细

功率因数标准						0.90
目录电价简称		参与调整电费	调整系数	功率因数调整电费	有功电量	无功电量	实际功率因数
大工业	10kV	14 597.07	−0.0045	−65.69	11 411	4407	0.93

表 CH303 - 7 　　　　　　　　　　汇总电量电费明细 　　　　　　　　　　单位：元

汇总电量电费		其中			
合计电量	合计电费	目录电度电费	代征电费	功率因数调整电费	基本电费金额
11 411	16 684.72	7097.52	832.89	−65.69	8820

二、考核

1. 考核场地

(1) 每个工位场地面积 2000mm×2000mm，可容纳 4 个工位同时操作。

(2) 每个工位配有考生书写桌椅。

(3) 设置 4 套评判桌椅和计时秒表。

2. 考核要点

(1) 认真审题，在 SG186 营销系统中正确审核电量电费。

(2) 对合同协议要求正确执行，退补电量电费计算正确。

(3) 判断用户电价类别正确，如分时电价、各种用电性质的电价类别正确。

(4) 核对用户电量电费，如结算电量、电度电费、基本电费、功率因数电费调整电费、代征电费，合计电费等。

(5) 重点审核变换电量及标准是否正确。

(6) 对变换分摊执行错误进行电量退补，在纸质卷子上列出计算过程和退补结果，并在 SG186 营销系统中发起退补流程。

(7) 安全文明生产、按时独立完成。

3. 考核时间

(1) 考核时间为 55min。

(2) 许可答题时开始计时，到时停止操作。

三、评分参考标准

行业：电力工程　　　　　　工种：抄表核算收费工　　　　　　等级：三

编号	CH303	行为领域	e	鉴定范围	
考核时间	55min	题型	A	含权题分	40
试题名称	高供低计两部制电价客户按容量电费计算				
考核要点及其要求	(1) 认真审题，在 SG186 营销录制中正确审核电量电费。 (2) 对合同协议要求正确执行，退补电量电费计算正确。 (3) 判断用户电价类别正确，如分时电价、各种用电性质的电价类别正确。 (4) 核对用户电量电费，如结算电量、电度电费、基本电费、功率因数电费调整电费、代征电费，合计电费等。 (5) 重点审核变损电量及标准是否正确。 (6) 对变损分摊执行错误进行电量退补，在纸质卷子上列出计算过程和退补结果，并在 SG186 营销系统中发起退补流程。 (7) 安全文明生产、按时独立完成				

现场设备、工具、材料	（1）工器具：碳素笔（红、蓝或黑笔）、计算器、SG 186 营销系统。（2）材料：答题试卷、电价表、功率因数调整电费比照表、变压器损耗电量查对表、白纸。（3）设备：桌椅1套/工位					
备注						

	评分标准					
序号	作业名称	质量要求	分值	扣分标准	扣分原因	得分
1	电量电费的计算与审核	正确执行电价政策	30	未发现错误一处扣5分		
2		正确完整书写退补电费过程和结果	40	（1）无计算过程扣10分，每错一处扣5分。（2）退补结果错误扣5分		
3		退补流程完整	20	（1）未发起退补流程扣5分。（2）退补方式选择错误扣5分。（3）退补方案错误扣10分		
4		正确应用划红线更正法	5	有错误未使用划红线更正法扣5分		
5	安全文明生产	文明作业，独立完成	5	违规操作或发生不安全生产扣5分		
考试开始时间			考试结束时间		合计	
考生栏	编号：　　　姓名：			所在岗位：　　　单位：　　　日期：		
考评员栏	成绩：　　　考评员：			考评组长：		

CH304 两部制电价客户按容量分时计算电费

一、操作

1. 工器具、材料、设备

(1) 工器具：碳素笔（红、蓝或黑笔）、计算器、SG186 营销系统。

(2) 材料：答题试卷、电价表、功率因数调整电费比例对照表、变压器损耗电量查对表、白纸。

(3) 设备：桌椅 1 套/工位。

2. 注意事项

(1) 考前出示证件，遵守考场规定。

(2) 着装整洁，准考证、身份证齐全。

(3) 按时独立完成。

3. 步骤与要求

(1) 步骤。

1) 根据给定条件，结合现行电价政策，用电客户的供用电合同在 SG186 营销系统中审核电量电费是否正确。

2) 计算抄见电量：抄见电量＝（本次示数－上月示数）×倍率＝本次抄见电量

计算总、峰、平、谷、无功抄见电量公式如下。

有功总抄见电量＝（有功总本次示数－有功总上次示数）×倍率

有功峰抄见电量＝（有功峰本次示数－有功峰上次示数）×倍率

有功谷抄见电量＝（有功谷本次示数－有功谷上次示数）×倍率

有功平抄见电量＝有功总抄见电量－有功峰抄见电量－有功平抄见电量

无功总抄见电量＝（无功总本次示数－无功总上次示数）×倍率

分表电量＝（分表总本次示数－分表总上次示数）×倍率

其中考核表作为主表的参考表，其数据为非计量点数据，起对比与参考的作用。

3) 计算分表的扣减电量。

a. 主分表扣减计算：主表分时，分表不分时，则分表电量要模拟峰平谷各时段进行分摊。

b. 分表的分摊计算：主表各时段电量分别扣减分表（模拟）各时段电量。

则分表峰电量＝分表抄见电量×6/24

分表平电量＝分表抄见电量×10/24

分表谷电量＝分表抄见电量×8/24

4）计算剩余抄见电量：剩余抄见电量＝总表各时段电量－分表各时段电量。

5）计算线损电量：按合同约定线损值，计算线损电量 i＝主表总抄见电量×线损协定值。

线损的分摊原则：变压器有功损耗按各时段（峰 6/24，平 10/24，谷 8/24）的比例进行分摊。

6）计算退补电量：退补电量指其他未经计量装置记录的电量或按其他规定需要退补的电量。根据题意计算各时段是否超过合同协议值，若超过协议值需做相关退补。

7）计算结算电量：结算电量＝总表各时段电量－分表分摊后电量＋线损分摊电量＋退补电量。

8）目录电度电费计算：目录电度电费＝各时段结算电量×各时段目录电价

其中，平电价＝基础目录电价

$$峰电价＝基础目录电价×180\%$$

$$谷电价＝基础目录电价×48\%$$

9）代征电费计算。

$$代征电费＝各分类结算电量×代征综合单价$$

10）按容量计算基本电费：一般情况下，基本电费＝变压器容量×基本电价（容量价）

a. 按变压器容量计算基本电费的方式，需要先确定计费容量。计费容量是在计算基本电费时，参与计算的用电客户受电设备的容量值。基本电费以月计算，但新装、增容、变更与终止用电当月的基本电费，按实用天数计算，每日为全月基本电费的 1/30；事故停电、检修停电、计划限电不扣减基本电费。

b. 计费容量一般情况下等于受电变压器总容量。

抄见最大需量大于计费点受电变压器总容量时，超过部分按基本电费标准的两倍收取。

11）计算功率因数调整电费。

a. 计算 $\tan\varphi$ 值。

$$\tan\varphi \text{ 比值}＝无功总电量/有功总电量$$

$$无功总电量＝无功总抄见电量＋无功变损电量＋无功线损电量$$

有功总电量＝有功总抄见电量＋有功变损电量＋有功线损电量

b. 通过 $\tan\varphi$ 比值，查《功率因数调整电费比例对照表》得出对应的实际功率因数。

c. 核对该用户功率因数标准，根据实际功率因数，查找对应的功率因数调整电费增减率％。

d. 计算功率因数调整电费公式如下。

两部制电价功率因数调整电费＝参与调整电费×功率因数调整电费增减率(％)

参与调整电费＝基本电费＋大工业峰、谷、平各时段目录电费总和

12）计算合计电费：总电费＝结算电度电费＋基本电费＋功率因数调整电费＋代征电费。

（2）要求。

1）现场工作服，着装整洁，准考证、身份证齐全。

2）按时独立完成。

3）依据题意，电价选择正确，计算正确，错误数据使用划红线更正法进行更正。

（3）范例。

某 110kV 供电大工业用户，受电设备总容量为 28 250kVA，计量方式为高供高计，合同中约定总表执行大工业电价，动力分表执行普通工业电价，照明分表执行非居民电价。因该户有自备电厂，供用电双方在合同中约定分表居民生活照明每月定量 4400kW·h，办公照明用电每月定量 24 000kW·h。基本电费采取按容量计算方式，用电方每月的谷段用电量按峰段用电量的 133％核定，如谷段电量超过峰段电量 133％，则超过部分的谷段电量在电费计算时按平段电价计费。约定每月 24 日为抄表例日，请根据抄表员 2013 年 6 月抄回的记录数据，计算并审核该户各项电量电费，汇总合计电费。抄表数据见表 CH304-1，电价表（节选）见表 CH304-2。

表 CH304-1　　　　　　　抄　表　数　据

计量点	出厂编号	示数类型	上次示数	本次示数	综合倍率	抄见电量
主供总表（主表）	49261	有功（总）	2052.93	2061.57	66 000	
		有功（峰）	481.16	482.99	66 000	
		有功（谷）	753.43	756.73	66 000	
		有功（平）	818.34	821.85	66 000	
		无功（总）	911.04	920.26	66 000	
		最大需量	0	0.408	66 000	

计量点	出厂编号	示数类型	上次示数	本次示数	综合倍率	抄见电量
主供总表（考核表）	49244	有功（总）	2052.89	2061.54	66 000	
		有功（峰）	481.14	482.97	66 000	
		有功（谷）	753.43	756.73	66 000	
		有功（平）	818.32	821.84	66 000	
		无功（总）	911	920.22	66 000	
		最大需量	0	0.408	66 000	
分表	20887	有功（总）	7887.22	7887.22	800	

表 CH304 - 2　　　　　　　　　　电价表（节选）　　　　　　　　　单位：元

用电类别		电度电价	农网低压维护费	大中型水库移民后期扶持资金	地方水库移民后期扶持资金	可再生能源	农网改造还贷基金	城镇附加	销售电价
大工业用电	110kV	0.5322	0.0188	0.0083	0.0005	0.015	0.02	0.01	0.6048
一般工商业及其他用电	35～110kV	0.8674	0.0188	0.0083	0.0005	0.015	0.02	0.013	0.9430
城镇居民	35～110kV	0.4994	0.0188	0.0083	0.0005	0.001	0.02	0.015	0.5630

基本电价：需量为 42 元/kW/月；容量为 28 元/kVA/月

解：计量点电量见量表 CH304 - 3，目录电费明细见表 CH304 - 4，基本电费明细见表 CH304 - 5，功率因数调整电费明细见表 CH304 - 6，汇总电量电费明细见表 CH304 - 7。

表 CH304 - 3　　　　　　　　　　计 量 点 电 量　　　　　　　　　单位：kWh

计量点表号	示数类型	本次抄见电量	扣除分表有功	剩余抄见电量	线损分摊	退补	结算电量
049261	有功（总）	570 240	28 400	541 840	0		541 840
	有功（峰）	120 780	7100	113 680	0		113 680
	有功（谷）	217 800	9467	208 333	0	−57 163	151 170
	有功（平）	231 660	11 833	219 827	0	+57 163	276 990
	无功（总）	608 520					608 520
	最大需量	26 928					

计量点表号	示数类型	本次抄见电量	扣除分表有功	剩余抄见电量	线损分摊	退补	结算电量
049 244	有功（总）	570 240					
	有功（峰）	120 780					
	有功（谷）	217 800					
	有功（平）	231 660					
	无功（总）	608 520					
	最大需量	26 928					
020 887	有功（总）	0					
非居民定量	分表1	24 000					
普通工业定量	分表2	4400					

表 CH304－4　　　　　　目 录 电 费 明 细　　　　　　单位：元

目录电价简称		时段	有功结算电量	目录电度电价	目录电度电费	代征电价合计	代征电费
大工业	110kV	峰	113 680	0.957 96	108 900.89	0.0726	8253.17
		谷	151 170	0.255 456	38 617.28	0.0726	10 974.94
		平	276 990	0.5322	147 414.08	0.0726	20 109.47
非居民照明	110kV	平	24 000	0.8674	20 817.6	0.0756	1814.4
居民生活照明	110kV	平	4400	0.5214	2294.16	0.0636	279.84

表 CH304－5　　　　　　基 本 电 费 明 细　　　　　　单位：元

基本电费分类	基费计费量值	基本电价	基本电费金额
按需量		42	
按容量	28 250	28	791 000

表 CH304－6　　　　　　功率因数调整电费明细

功率因数标准			0.90			
目录电价简称		参与调整电费	调整系数	功率因数调整电费	有功电量	无功电量	实际功率因数
大工业	110kV	1 085 932.25	0.12	130 311.87	570 240	608 520	0.68

表 CH304－7　　　　　　汇总电量电费明细　　　　　　单位：元

汇总电量电费		其　　　中			
合计电量	合计电费	目录电度电费	代征电费	功率因数调整电费	基本电费金额
570 240	489 787.7	318 044.01	41 431.82	130 311.87	791 000

二、考核

1. 考核场地

(1) 每个工位场地面积 2000mm×2000mm，可容纳 4 个工位同时操作。

(2) 每个工位配有考生书写桌椅。

(3) 设置 4 套评判桌椅和计时秒表。

2. 考核要点

(1) 认真审题，在 SG186 系统中正确审核电量电费。

(2) 对合同协议要求正确执行，退补电量计算正确。

(3) 判断用户电价类别，如分时电价、各种用电性质的电价类别最后正确。

(4) 核对用户电量电费，如结算电量、电度电费、基本电费、功率因数电费调整电费、代征电费，合计电费等。

(5) 重点审核分时电价执行是否正确。

(6) 对分时电价执行错误进行退补，在纸质卷子上列出退补过程和计算结果，并在 SG186 营销系统中发起退补流程。

(7) 安全文明生产、按时独立完成。

3. 考核时间

(1) 考核时间为 55min。

(2) 许可答题时开始计时，到时停止操作。

三、评分参考标准

行业：电力工程　　　　　　工种：抄表核算收费工　　　　　　等级：三

编号	CH304	行为领域	e	鉴定范围	
考核时间	55min	题型	A	含权题分	40
试题名称	两部制电价客户按容量分时计算电费				
考核要点及其要求	(1) 认真审题，在 SG186 系统中正确审核电量电费。 (2) 对合同协议要求正确执行，退补电量计算正确。 (3) 判断用户电价类别，如分时电价、各种用电性质的电价类别最后正确。 (4) 核对用户电量电费，如结算电量、电度电费、基本电费、功率因数电费调整电费、代征电费，合计电费等。 (5) 重点审核分时电价执行是否正确。 (6) 对分时电价执行错误进行退补，在纸质卷子上列出退补过程和计算结果，并在 SG186 营销系统中发起退补流程。 (7) 安全文明生产、按时独立完成				
现场设备、工具、材料	(1) 工器具：碳素笔、(红、蓝或黑笔)、计算器，SG186 营销系统。 (2) 材料：答题试卷、电价表、功率因数调整电费比照表、变压器损耗电量查对表、白纸。 (3) 桌椅 1 套/工位				
备注	分时电量超过协议值应做退补计算				

		评分标准				
序号	作业名称	质量要求	分值	扣分标准	扣分原因	得分
1	电量电费的计算与审核	正确执行电价政策	30	未发现错误一处扣5分		
2		正确完整书写计算过程和退补结果	40	（1）无计算过程扣10分，每错一处扣5分。（2）退补结果错误扣5分		
3		退补流程完整	20	（1）未发起退补流程扣5分。（2）退补方式选择错误扣5分。（3）退补方案错误扣10分		
4		正确应用划红线更正法	5	有错、未使用划红线更正法扣5分		
5	安全文明生产	文明作业，独立完成	5	违规操作或发生不安全生产扣5分		
考试开始时间				考试结束时间		合计
考生栏	编号：	姓名：		所在岗位：	单位：	日期：
考评员栏	成绩：	考评员：			考评组长：	

一、操作

1. 工器具、材料、设备

（1）工器具：碳素笔（红、蓝或黑笔）、计算器、SG186 营销系统。

（2）材料：电价表、白纸。

（3）设备：桌椅 1 套/工位。

2. 注意事项

（1）考前出示证件，遵守考场规定。

（2）着装整洁，准考证、身份证齐全。

（3）按时独立完成。

3. 步骤与要求

（1）步骤。

1）按容量计算基本电费：一般情况下，基本电费＝变压器容量（运行容量）×基本电价（容量价）。

2）业务算费依据需正确。

a. 基本电费以月计算，但新装、增容、变更与终止用电当月的基本电费，按实用天数计算，每日为全月基本电费的 1/30；事故停电、检修停电、计划限电不扣减基本电费。

b. 基本电费结算的时间规定。

● 正常情况下基本电费按月结算。供用电双方在供用电合同中约定每个月的固定抄表日，两个固定抄表日的间隔时间为一个抄表月历。

● 特殊情况下，如用电客户新装、增容、减容、暂停、暂换、改类或终止用电（销户）时，根据用电客户实际用电天数（日用电不足 24h 的，按一天计算）计算基本电费，每日按月基本电费的 1/30 计算。

● 若用电变更后容量发生改变的，计算公式如下。

基本电费＝（原运行容量×变更前变压器实际运行天数）/30×基本电价＋（变

更后运行容量×变更后变压器实际运行天数)/30×基本电价

3) 与基本电费结算有关的增容用电业务规定。

a. 用电客户增加用电容量，以经客户签字增容投运工作单记录的日期为基准，根据不同用电容量的实际用电天数，按日分段计算基本电费。

b. 增容前用电天数＝接火送电日－上月抄表日

c. 增容后用电天数＝本月抄表日－接火送电日

d. 按最大需量计收基本电费的客户，按增容前后各计费点的受电变压器总容量及抄录的最大需量值，分别计算基本电费。

4) 确定按例日抄表的时间及新装或增容用户变压器的实际使用天数。

5) 选择正确电价：根据基本电费收取的方式确定基本电价。

6) 计算基本电费：基本电费＝计费容量×基本电价标准（容量价，单位为元）。

7) 核对结果，答题准确，单位完整。

（2）要求。

1) 现场工作服，着装整洁，准考证、身份证齐全。

2) 按时独立完成。

3) 依据题意，电价选择正确，计算正确，错误数据使用划红线更正法进行更正。

（3）范例。

某 10kV 高压供电机械制造公司，合同中约定基本电费收取方式按容量计算，每月抄表例日固定为 18 日。因生产规模扩大，原来 2 台 630kVA 受电变压器不能满足生产需要。2013 年 5 月 8 日起，增投一台 400kVA 变压器，其受电器总容量达到 1660kVA。请计算该客户 5 月基本电费是多少［基本电价按容量 28 元/(月·kVA)］？

解：根据供电营业规则有关规定，新装用电按实际用电天数计算基本电费，不足 24h 按一天计算。

该户 5 月基本电费的计算按抄表周期结算应为 2013 年 4 月 18 日～2013 年 5 月 18 日。

其中新增 1 台 400kVA 变压器到 5 月 18 日抄表例日止实际运行 10 天（18－8＝10 天）。

则有该户当月的基本电费为：

630×2×28＋400×(10/30)×28＝35 280＋3733.33＝39 013.33（元）

答：该户 5 月基本电费为 39 013.33 元。

二、考核

1. 考核场地

(1) 每个工位场地面积 2000mm×2000mm，可容纳 4 个工位同时操作。

(2) 每个工位配有考生书写桌椅。

(3) 设置 4 套评判桌椅和计时秒表。

2. 考核要点

(1) 认真审题，在 SG186 系统中正确审核电量电费。

(2) 计算基本电费的业务依据正确：根据供电营业规则规定，新装用电按实际用电天数计算基本电费，不足 24h 按一天计算。

(3) 重点审核基本电价选择及基本电费计算是否正确。

(4) 对基本电费错误进行电费退补，在纸质卷子上列出计算过程和退补结果，并在 SG186 营销系统中发起退补流程。

(5) 安全文明生产，按时独立完成。

3. 考核时间

(1) 考核时间为 55min。

(2) 许可答题时开始计时，到时停止操作。

三、评分参考标准

行业：电力工程　　　　　　工种：抄表核算收费工　　　　　　等级：三

编号	CH305	行为领域	e	鉴定范围	
考核时间	55min	题型	A	含权题分	40
试题名称	两部制电价用户增容基本电费的计算				
考核要点及其要求	(1) 认真审题，在 SG186 系统中正确审核电量电费。 (2) 计算基本电费的业务依据正确：根据供电营业规则规定，新装用电按实际用电天数计算基本电费，不足 24h 按一天计算。 (3) 重点审核基本电价选择及基本电费计算是否正确。 (4) 对基本电费错误进行电费退补，在纸质卷子上列出计算过程和退补结果，并在 SG186 营销系统中发起退补流程。 (5) 安全文明生产，按时独立完成				
现场设备、工具、材料	(1) 工器具：碳素笔（红、蓝或黑笔）、计算器。 (2) 材料：电价表、白纸。 (3) 设备：桌椅 1 套/工位				
备注					

序号	作业名称	质量要求	分值	扣分标准	扣分原因	得分
		评分标准				
1		正确执行电价政策	30	未发现错误一处扣5分		
2		正确完整书写计算过程和退补结果	40	（1）无计算过程扣10分，每错一处扣5分。 （2）退补结果错误扣5分		
3	电量电费计算与审核	退补流程完整	20	（1）未发起退补流程扣5分。 （2）退补方式选择错误扣5分。 （3）退补方案错误扣10分		
4		正确应用划红线更正法	5	有错、未使用划红线更正法扣5分		
5	安全文明生产	文明作业，独立完成	5	违规操作或发生不安全生产扣5分		
考试开始时间			考试结束时间		合计	
考生栏	编号：	姓名：	所在岗位：	单位：	日期：	
考评员栏	成绩：	考评员：		考评组长：		

两部制电价用户暂停变更的基本电费计算

一、操作

1. 工器具、材料、设备

(1) 工器具：碳素笔（红、蓝或黑笔）、计算器、SG186 营销系统。

(2) 材料：电价表、功率因数调整电费比例对照表、白纸。

(3) 设备：桌椅 1 套/工位。

2. 注意事项

(1) 考前出示证件，遵守考场规定。

(2) 着装整洁，准考证、身份证齐全。

(3) 按时独立完成。

3. 步骤与要求

(1) 步骤。

1) 按容量计算基本电费：一般情况下，基本电费＝变压器容量（运行容量）×基本电价（容量价）。

2) 业务算费依据需正确。

a. 基本电费以月计算，但新装、增容、变更与终止用电当月的基本电费，按实用天数计算，每日为全月基本电费的 1/30；事故停电、检修停电、计划限电不扣减基本电费。

b. 基本电费结算的时间规定。

● 正常情况下基本电费按月结算。供用电双方在供用电合同中约定每个月的固定抄表日，两个固定抄表日的间隔时间为一个抄表月历。

● 特殊情况下，如用电客户新装、增容、减容、暂停、暂换、改类或终止用电（销户）时，根据用电客户实际用电天数（日用电不足 24h 的，按一天计算）计算基本电费，每日按月基本电费的 1/30 计算。

3) 与基本电费结算有关的暂停用电业务规定。

a. 用电客户申请暂时停止全部或部分受电设备的用电称为暂停用电（简称

暂停)。

b. 用电客户可以按变压器或不通过受电变压器的高压电动机为单位申请暂时停止用电。

● 用电客户受电变压器（或不通过受电变压器的高压电动机）在两台及以下时，每一日历年内可申请暂停两次，每次不得少于 15 天，一年累计暂停时间不得超过六个月。

● 用电客户受电变压器（或不通过受电变压器的高压电动机）在 2 台以上时，在上一条的基础上，变压器数量每增加 2 台，暂停次数可增加一次，但每一日历年内可申请暂停的次数累计不得超过六次。每次暂停时间不得少于 15 天，一年累计不得超过 6 个月。

c. 暂停当月的基本电费计算类同于减容，但暂停时间少于 15 天的，暂停期间基本电费照收。

d. 暂停后受电变压器总容量达不到大工业用电标准的，仍按大工业电价执行，并按实际容量计算基本电费。

e. 暂停期满或一个日历年内累计暂停用电时间超过 6 个月者，不论用电客户是否申请恢复用电，均视同已恢复用电，供电企业从期满之日起按恢复用电状态计收基本电费。

4）用电变更后容量发生改变的，基本电费＝(原变压器容量×变更前变压器实际运行天数)/30×基本电价＋(变更后变压器容量×变更后变压器实际运行天数)/30×基本电价

其中变更时按每台变压器进行计算。

5）确定按例日抄表的大工业用户暂停变更前后变压器的实际使用天数。

6）选择正确电价：根据基本电费收取的方式确定基本电价。

7）计算基本电费：基本电费＝计费容量×基本电价标准（容量价，单位为元）。

8）核对结果，答题准确，单位完整。

（2）要求。

1）现场工作服，着装整洁，准考证、身份证齐全。

2）按时独立完成。

3）依据题意，电价选择正确，计算正确，错误数据使用划红线更正法进行更正。

（3）范例。

某 10kV 高压供电食品加工公司，2012 年 11 月 2 日新装两台变压器，容量分表为 630kVA1 台和 800kVA1 台，供用电合同中约定其基本电费收取方式按容量

计算，每月抄表例日为 22 日。后该户因持续减产申请将 1 台 800kVA 变压器暂停，暂停日期从 2013 年 5 月 28 日～2013 年 11 月 27 日止，若该户 2013 年 4 月电费已经结清，请计算该客户 2013 年 6 月基本电费是多少 [基本电价按容量 28 元/（月·kVA）]?

解：根据供电营业规则有关规定，新装用电客户两年内不得申办减容或暂停，如确需办理减容或暂停的，减少或暂停的容量基本电费应该 50% 计算收取。

该户 6 月基本电费的计算按抄表周期结算应为 2013.5.22 日～2013.6.22 日。其中一台暂停的 800kVA 变压器从 2013 年 5 月 28 日暂停至 2013 年 6 月 22 日抄表，实际运行 6 天（28－22＝6 天）。

根据供电营业规则有关规定，其基本电费为

$$630×28＋800×(6/30)×28＋800×(31－28＋22)/30×50\%×28$$
$$＝17640＋4480＋9333.33＝31\ 453.33\ （元）$$

答：该户 2013 年 6 月基本电费为 31 453.33 元。

二、考核

1. 考核场地

（1）每个工位场地面积 2000mm×2000mm，可容纳 4 个工位同时操作。

（2）每个工位配有考生书写桌椅。

（3）设置 4 套评判桌椅和计时秒表。

2. 考核要点

（1）在 SG186 系统中正确审核电量电费。

（2）计算基本电费的业务依据正确。根据供电营业规则规定，新装用电按实际用电天数计算基本电费，不足 24 小时按一天计算。

（3）重点审核基本电价选择及基本电费计算是否正确。

（4）对基本电费错误进行电费退补，在纸质卷子上列出计算过程和退补结果，并在 SG186 营销系统中发起退补流程。

（5）安全文明生产，按时独立完成。

3. 考核时间

（1）考核时间为 55min。

（2）许可答题时开始计时，到时停止操作。

三、评分参考标准

行业：电力工程　　　　　工种：抄表核算收费工　　　　　等级：三

编号	CH306	行为领域	e	鉴定范围	
考核时间	55min	题型	A	含权题分	40
试题名称	两部制电价用户暂停变更的基本电费计算				
考核要点及其要求	(1) 在 SG186 系统中正确审核电量电费。 (2) 计算基本电费的业务依据正确。根据供电营业规则规定，新装用电按实际用电天数计算基本电费，不足 24 小时按一天计算。 (3) 重点审核基本电价选择及基本电费计算是否正确。 (4) 对基本电费错误进行电费退补，在纸质卷子上列出计算过程和退补结果，并在 SG186 营销系统中发起退补流程。 (5) 安全文明生产，按时独立完成				
现场设备、工具、材料	(1) 工器具：碳素笔（红、蓝或黑笔）、计算器、SG186 营销系统。 (2) 材料：电价表、功率因数调整电费比例对照表、白纸。 (3) 设备：桌椅 1 套/工位				
备注					

评分标准

序号	作业名称	质量要求	分值	扣分标准	扣分原因	得分
1		正确执行电价政策	30	发现错误一处扣 5 分		
2		正确完整书写计算过程和退补结果	40	(1) 无计算过程扣 10 分，每错一处扣 5 分。 (2) 退补结果错误扣 10 分		
3	电量电费的计算与审核	退补流程完整	40	(1) 未发起退补流程扣 5 分。 (2) 退补方式 选择错误扣 5 分。 (3) 退补方案错误扣 10 分		
4		正确应用划红线更正法	5	有错、未使用划红线更正法扣 5 分		
5	安全文明生产	文明作业，独立完成	5	违规操作或发生不安全生产扣 5 分		
考试开始时间			考试结束时间		合计	
考生栏	编号：	姓名：	所在岗位：	单位：		日期：
考评员栏	成绩：	考评员：		考评组长：		

一、操作

1. 工器具、材料、设备

(1) 工器具：碳素笔（红、蓝或黑笔）、计算器、SG186 营销系统。

(2) 材料：电价表、白纸。

(3) 设备：桌椅 1 套/工位。

2. 注意事项

(1) 考前出示证件，遵守考场规定。

(2) 着装整洁，准考证、身份证齐全。

(3) 按时独立完成。

3. 步骤与要求

(1) 步骤。

1) 按需量计算基本电费公式：一般情况下，基本电费＝计费需量×基本电价（需量价）。

若用电客户为非特殊用户，按照湖北省要求算法计算需量基本电费方法如下。

a. 当抄见需量小于核定值，按照核定值计算；通常情况核定值＝变压器容量×40%。

b. 当抄见需量大于核定值但是小于核定值 2.5 倍，按照抄见需量计算。

c. 当抄见需量大于核定值 2.5 倍，按照核定值×2.5＋(抄见需量－核定值×2.5)×2 计算。

2) 按需量计算的基本电费业务依据应正确。

a. 对有两路及以上进线的用户，各路进线应分别计算最大需量。在分别计算需量时，如因电业部门有计划的检修或其他原因而造成用户倒用线路而增加的最大需量，其增大部分可在计算用户当月最大需量时合理扣除。

b. 按最大需量计算基本电费的用户，凡有不通过专用变压器接用的高压电动机，其最大需量应包括该高压电动机的容量。用户申请最大需量，包括不通过变压器接用的高压电动机容量，低于按变压器容量（千伏安视同千瓦）和高压电动机容量总和的40%时，则按容量总和的40%核定最大需量。由于电网负荷紧张，电业部门限制用户的最大需量低于容量的40%时，可以按低于40%数核定最大需量。

c. 双路电源情况下，按照需量计算基本电费的。如果是双路常供，基本电费需要按照两个需量表分别计算，各路按照单路供电需量计算基本电费的原则计算，用户上报两路各自的核准值。如果是一路常用一路备用，基本电费需要按照需量值取大的计算。

3）根据《供电营业规则》若两路进线互为备用，应按抄见需量大值计算基本电费。

计算需量值公式如下。

第一路最大需量＝抄见需量值1×综合倍率（kW）

第二路最大需量＝抄见需量值2×综合倍率（kW）

4）确定需量收取值：比较两路最大需量，根据题意若互为备用应按最大需量值收取基本电费。

5）判断需量是否超容：计费需量以计费点最大需量抄见值为基准，并遵循以下规定。

a. 抄见最大需量低于计费点受电变压器总容量的40%时，计费需量等于受电变压器总容量的40%（千伏安视同千瓦数）。

b. 抄见最大需量大于计费点受电变压器总容量时，超过部分按基本电费标准的两倍收取。

6）选择正确电价：根据基本电费收取的方式确定基本电价。

7）计算基本电费：基本电费＝计费需量×基本电价标准（需量价，单位为元）。

8）核对结果，答题准确，单位完整。

（2）要求。

1）现场工作服，着装整洁，准考证、身份证齐全。

2）按时独立完成。

3）依据题意，电价选择正确，计算正确，错误数据使用划红线更正法进行更正。

（3）范例。

某大工业用户，装设带联锁装置两路进线，互为备用。已知某月该客户第一路进线的最大需量表读数为0.3850，倍率为2000；第二路进线最大需量表读数为0.5532，倍率为1600。若约定最大需量为800kW，基本电费电价为42元/（kW·月），试求该客户当月的基本电费为多少？

解：由于两路进线互为备用，因此应按较大值计算基本电费。

第一路最大需量＝0.3850×2000＝770（kW）

第二路最大需量＝0.5532×1600＝885（kW）

最大需量大于约定值，属于严重超容，则超过部分应翻倍收取基本电费。

基本电费＝[800＋(885－800)×2]×42＝970×42＝40 740（元）

答：该大工业用户的基本电费为 40 740 元。

二、考核

1. 考核场地

(1) 每个工位场地面积 2000mm×2000mm，可容纳 4 个工位同时操作。

(2) 每个工位配有考生书写桌椅。

(3) 设置 4 套评判桌椅和计时秒表。

2. 考核要点

(1) 在 SG186 营销系统中正确审核电量电费。

(2) 计算基本电费的业务依据需正确。

1) 两路进线互为备用，应按抄见需量大值计算基本电费。

2) 根据规定，超过合同约定部分应按 2 倍收取基本电费。

(3) 审核判断是否超容。

(4) 对基本电费错误进行电费退补，在纸质卷了上列出计算过程和退补结果，并在 SG186 营销系统中发起退补流程。

(5) 安全文明生产，按时独立完成。

3. 考核时间

(1) 考核时间为 55min。

(2) 许可答题时开始计时，到时停止操作。

三、评分参考标准

行业：电力工程　　　　　工种：抄表核算收费工　　　　　等级：三

编号	CH307	行为领域	e	鉴定范围	
考核时间	55min	题型	A	含权题分	40
试题名称	两部制电价双电源按需量基本电费的计算				
考核要点及其要求	(1) 在 SG186 营销系统中正确审核电量电费。 (2) 计算基本电费的业务依据正确。 1) 两路进线互为备用，应按抄见需量大值计算基本电费。 2) 根据规定，超过合同约定部分应按二倍收取基本电费。 (3) 审核判断是否超容。 (4) 对基本电费错误进行电费退补，在纸质卷子上列出计算过程和退补结果，并在 SG186 营销系统中发起退补流程。 (5) 安全文明生产，按时独立完成				

| 现场设备、工具、材料 | (1) 工器具：碳素笔（红、蓝或黑笔）、计算器、SG186 营销系统。
(2) 材料：电价表、白纸、功率因数调整电费比照表。
(3) 设备：桌椅 1 套/工位 | | | | | |
| 备注 | | | | | | |

评分标准

序号	作业名称	质量要求	分值	扣分标准	扣分原因	得分
1		正确执行电价政策	30	未发现错误，一处扣 5 分		
2		正确完整书写退补电费过程和结果	40	（1）无计算过程扣 10 分，每错一处扣 5 分。 （2）退补结果错误，扣 5 分		
3	电量电费的计算与审核	退补流程完整	20	（1）未发起退补流程，扣 5 分。 （2）退补方式选择错误，扣 5 分。 （3）退补方案错误，扣 10 分		
4		正确应用划红线更正法	5	有错误，未使用划红线更正法，扣 5 分		
5	安全文明生产	文明作业，独立完成	5	违规操作或发生不安全生产，扣 5 分		
考试开始时间			考试结束时间		合计	
考生栏	编号：	姓名：	所在岗位：	单位：	日期：	
考评员栏	成绩：	考评员：		考评组长：		

一、操作

1. 工器具、材料、设备

（1）工器具：碳素笔（红、蓝或黑笔）、计算器、SG186 营销系统。

（2）材料：电价表、功率因数调整电费比例对照表、白纸。

（3）设备：桌椅 1 套/工位。

2. 注意事项

（1）考前出示证件，遵守考场规定。

（2）着装整洁，准考证、身份证齐全。

（3）按时独立完成。

3. 步骤与要求

（1）步骤。

1）按需量计算基本电费公式：一般情况下，基本电费＝抄见需量×基本电价（需量价）。

若用电客户为非特殊用户，按照湖北省要求算法计算需量基本电费方法如下。

a. 当抄见需量小于核定值，按照核定值计算；通常情况核定值＝变压器容量×40%。

b. 当抄见需量大于核定值但是小于核定值 2.5 倍，按照抄见需量计算。

c. 当抄见需量大于核定值 2.5 倍，按照核定值×2.5＋（抄见需量－核定值×2.5）×2 计算。

2）按需量计算的基本电费业务依据应正确。

a. 根据《供电营业规则》有关规定，新装、增容用电客户，两年内不得申办减容或暂停。如确需继续办理减容或暂停的，减少或暂停的容量基本电费应按 50%计算收取。

b. 用电客户减容必须是整台或整组变压器的停止或更换小容量变压器用电。

c. 减少用电容量的期限，应根据用电客户所提出的申请确定，但最短期限不得少于 6 个月，最长期限不得超过 2 年。

　　d. 申请减容后的受电变压器总容量低于两部制电价执行标准时，从减容后的次月改为单一制电价计费，执行普通工业电价。

　　e. 基本电费以月计算，但新装、增容、变更与终止用电当月的基本电费，按实用天数计算，每日为全月基本电费的 1/30；事故停电、检修停电、计划限电不扣减基本电费。

$$基本电费 = (全月基本电费 × 变压器实际运行天数) / 30$$

　　f. 对于影响基本电费计算的业务变更（如增容、减容、减容恢复、暂停、暂停恢复等），如计算方式发生变化，（如容量变需量或者需量变容量），变更前后分别按各自计算方式以实际使用天数进行计算。

　　3) 核定该户的减容时间，对比例日结算周期，确定该户减容前、后变压器实际使用的天数。

　　4) 确定收取基本电费的需量值：对比减容前、后该户月抄见需量与计算需量的大小，核定计算需量值。

　　5) 选择正确电价：根据基本电费收取的方式确定基本电价。

　　6) 计算基本电费：基本电费 = 计费需量 × 基本电价标准（需量价，单位为元）。

　　7) 核对结果，答题准确，单位完整。

　　(2) 要求。

　　1) 现场工作服，着装整洁，准考证、身份证齐全。

　　2) 按时独立完成。

　　3) 依据题意，电价选择正确，计算正确，错误数据使用划红线更正法进行更正。

　　(3) 范例。

　　某大工业用户 2012 年 10 月 10 日新装 1000kVA 变压器 2 台，合同约定每月抄表例日为 24 日，基本电费按需量方式收取，需量核定值为 800kW，该户于 2013 年 11.24 日申请临时减容其中一台 1000kVA 变压器，2013.12.24 日抄见该户最大需量表读数为 512kW，若该户前期电费均结清，试求该户 2013 年 12 月的基本电费为多少？〔基本电价按需量 42 元/(月·kW)〕

　　解：根据供电营业规则有关规定，新装用电客户两年内不得申办减容或暂停，如确需办理减容或暂停的，减少或暂停的容量基本电费应该 50% 计算收取。按需量计算基本电费的，按减少或暂停容量的 20% 计收需量基本电费。

　　该户减容起始日期正好为抄表例日当天，减容部分的基本电费应收取减少部分的 20% 计算最大需量，则该户核定值为

$$1000 × 40\% + 1000 × 20\% = 400 + 200 = 600（kW）$$

该户当月抄见需量核定值 512＜600，应按容量变更后的核定值收取，所以该户基本电费为

$$600 \times 42 = 25\,200\ (元)$$

答：该大工业用户 2013 年 12 月的基本电费为 25 200 元。

二、考核

1. 考核场地

（1）每个工位场地面积 2000mm×2000mm，可容纳 4 个工位同时操作。

（2）每个工位配有考生书写桌椅。

（3）设置 4 套评判桌椅和计时秒表。

2. 考核要点

（1）在 SG186 系统中正确审核电量电费。

（2）审核基本电费的业务依据正确。

（3）对基本电费错误进行电费退补，在纸质卷子上列出计算过程和退补结果，并在 SG186 营销系统中发起退补流程。

（4）安全文明生产，按时独立完成。

3. 考核时间

（1）考核时间为 55min。

（2）许可答题时开始计时，到时停止操作。

三、评分参考标准

行业：电力工程　　　　　　工种：抄表核算收费工　　　　　　等级：三

编号	CH308	行为领域	e	鉴定范围	
考核时间	55min	题型	A	含权题分	40
试题名称	两部制电价用户按需量减容计算基本电费				
考核要点及其要求	（1）在 SG186 系统中正确审核电量电费。 （2）审核基本电费的业务依据正确。 （3）对基本电费错误进行电费退补，在纸质卷子上列出计算过程和退补结果，并在 SG186 营销系统中发起退补流程。 （4）安全文明生产，按时独立完成				
现场设备、工具、材料	（1）工器具：碳素笔（红、蓝或黑笔）、计算器、SG186 营销系统。 （2）材料：电价表、功率因数调整电费比例对照表、白纸。 （3）设备：桌椅 1 套/工位				
备注					

评分标准						
序号	作业名称	质量要求	分值	扣分标准	扣分原因	得分
1	电量电费的计算与审核	正确执行电价政策	30	未发现错误一处扣5分		
2		正确完整书写计算过程和退补结果	40	（1）无计算过程扣10分，每错一处扣5分。 （2）退补结果错误扣5分		
3		退补流程完整	20	（1）未发起退补流程扣5分。 （2）退补方式选择错误扣5分。退补方案错误扣10分		
4		正确应用划红线更正法	5	有错、未使用划红线更正法，扣5分		
5	安全文明生产	文明作业，独立完成	5	违规操作或发生不安全生产扣5分		
考试开始时间				考试结束时间		合计
考生栏		编号：　　姓名：		所在岗位：　　　单位：		日期：
考评员栏		成绩：　　考评员：			考评组长：	

两部制电价客户按需量（含线损）电费计算

一、操作

1. 工器具、材料、设备

（1）工器具：碳素笔（红、蓝或黑笔）、计算器、SG186营销系统。

（2）材料：答题试卷、电价表、功率因数调整电费比例对照表、变压器损耗电量查对表、白纸。

（3）设备：桌椅1套/工位。

2. 注意事项

（1）考前出示证件，遵守考场规定。

（2）着装整洁，准考证、身份证齐全。

（3）按时独立完成。

3. 步骤与要求

（1）步骤。

1）根据给定条件结合现行电价政策，用电客户的供用电合同，正确选择该户电价类别，判断是否执行分时，根据不同性质判断应执行的功率因数标准，计算电量和电费。

2）抄见电量计算：抄见电量＝（本次示数－上次示数）×倍率＝本次抄见电量

考核表作为主表的参考表，其数据为非计量点数据，起对比与参考的作用。

计算总、峰、平、谷、无功抄见电量公式如下。

有功总抄见电量＝（有功总本次示数－有功总上次示数）×倍率

有功峰抄见电量＝（有功峰本次示数－有功峰上次示数）×倍率

有功谷抄见电量＝（有功谷本次示数－有功谷上次示数）×倍率

有功平抄见电量＝有功总抄见电量－有功峰抄见电量－有功平抄见电量

无功总抄见电量＝（无功总本次示数－无功总上次示数）×倍率

分表电量＝（分表总本次示数－分表总上次示数）×倍率

3）计算分表的扣减电量。

主分表扣减计算：主表分时，分表不分时，则分表电量要模拟峰平谷各时段进行分摊。

主表各时段电量分别扣减分表（模拟）各时段电量，则

$$分表峰电量＝分表抄见电量×6/24$$
$$分表平电量＝分表抄见电量×10/24$$
$$分表谷电量＝分表抄见电量×8/24$$

4）能正确核对主表与考核表的电量，对含线变损用户进行正确计算。

a．线损电量＝总抄见电量×合同协定线损系数（％），电量按四舍五入方式取整计算。

b．线损的分摊原则：变压器有功损耗按各时段（峰 6/24，平 10/24，谷 8/24）的比例进行分摊。

5）结算电量计算：结算电量 i＝本次抄见电量 i－扣减分表电量＋线损 i（其中 i 表示时段）。

6）计算并填写目录电费明细、基本电费、力调电费、汇总电量电费等。

a．目录电费：根据题意选择正确电价。

$$目录电费＝各时段结算电量×各时段目录电价$$

其中，平电价＝基础目录电价

$$峰电价＝基础目录电价×180\%$$
$$谷电价＝基础目录电价×48\%$$

b．代征电费计算：代征电费＝各时段结算电量×代征电价。

c．电度电费＝结算电量×电度电价（目录电度电价＋代征）。

7）计算并填写基本电费。

按需量计算基本电费：一般情况下，基本电费＝计费需量×基本电价（需量价）。

若用电客户为非特殊用户，按照湖北省要求算法计算需量基本电费方法为如下。

a．当抄见需量小于核定值，按照核定值计算，通常情况核定值＝变压器容量×40％。

b．当抄见需量大于核定值但是小于核定值 2.5 倍，按照抄见需量计算。

c．当抄见需量大于核定值 2.5 倍，按照核定值×2.5＋（抄见需量－核定值×2.5）×2 计算。

8）计算并填写功率因数调整电费。

a．计算 $\tan\varphi$ 值

$$\tan\varphi \text{ 比值} = \text{无功总电量}/\text{有功总电量}$$
$$\text{无功总电量} = \text{无功总抄见电量} + \text{无功线损电量}$$
$$\text{有功总电量} = \text{有功总抄见电量} + \text{有功线损电量}$$

b. 通过 $\tan\varphi$ 比值，查《功率因数调整电费比例对照表》得出对应的实际功率因数。

c. 核对该用户功率因数标准，根据实际功率因数，查找对应的功率因数调整电费增减率（%）

d. 计算功率因数调整电费公式如下。

功率因数调整电费＝(基本电费＋目录电度电费)×功率因数调整电费增减率（%）

其中参与调整电费＝基本电费＋大工业峰、谷、平各时段目录电费总和

9）计算合计电费：总电费＝结算电度电费＋基本电费＋功率因数调整电费＋代征电费。

（2）要求。

1）现场工作服，着装整洁，准考证、身份证齐全。

2）按时独立完成。

3）依据题意，电价选择正确，计算正确，错误数据使用划红线更正法进行更正。

（3）范例。

某一 110kV 政府扶持的大工业用户，有 2 个受电点，受电设备总容量为 16 000kVA，计量方式为高供高计，其中主供受电的容量为 16 000kVA，备供受电设备总容量为 1300kVA，仅用于部分照明及保安负荷用电。合同约定按主供总表电量加收 0.5% 线损，主备供大工业总表各一块，因非居民照明无法分表计量，双方约定非居民照明按居民照明分表抄见电量的 30% 计收，基本电费计算方式选择按最大需量计算，最大需量值按容量的 40% 核定，超过的需量负荷加倍收取，并约定每月 22 日为抄表例日，所有电价均减免城镇附加。请根据抄表员 2013 年 9 月抄回的记录计算，计算并审核该户各项电量电费，汇总合计电费。抄表数据见表 CH309 - 1，电价表（节选）见表 CH309 - 2。

表 CH309 - 1　　　　　　　　抄 表 数 据　　　　　　　线损值：0.50%

计量点	出厂编号	示数类型	上次示数	本次示数	综合倍率	抄见电量
主供总表（主表）	766	有功（总）	8651.34	8806.01	22 000	
		有功（峰）	2162.19	2202.27	22 000	
		有功（谷）	2866.23	2916.27	22 000	

计量点	出厂编号	示数类型	上次示数	本次示数	综合倍率	抄见电量
主供总表（主表）	766	有功（平）	3622.92	3687.47	22 000	
		无功（总）	1997.4	2049.46	22 000	
		最大需量	0	0.3213	22 000	
主供总表（考核表）	782	有功（总）	8658.79	8813.54	22 000	
		有功（峰）	2164.15	2204.31	22 000	
		有功（谷）	2868.83	2918.9	22 000	
		有功（平）	3625.81	3690.33	22 000	
		无功（总）	1997.87	2049.92	22 000	
		最大需量	0	0.3215	22 000	
备供总表	20004	有功（总）	31.17	31.17	1500	
		有功（峰）	10.47	10.47	1500	
		有功（谷）	4.94	4.94	1500	
		有功（平）	15.76	15.76	1500	
		无功（总）	36.78	36.78	1500	
分表	20007	有功（总）	3887.72	3997.8	1800	

表 CH309 - 2 　　　　　　　　　　电价表（节选）　　　　　　　　　单位：元

用电类别		电度电价	农网低压维护费	大中型水库移民后期扶持资金	地方水库移民后期扶持资金	可再生能源	农网改造还贷基金	城镇附加	销售电价
大工业用电	110kV	0.5322	0.0188	0.0083	0.0005	0.015	0.02	0.01	0.6048
一般工商业及其他用电	35～110kV	0.8674	0.0188	0.0083	0.0005	0.015	0.02	0.013	0.9430
城镇居民	35～110kV	0.4994	0.0188	0.0083	0.0005	0.001	0.02	0.015	0.5630

基本电价：需量为 42 元/kW/月；容量：28 元/kVA/月。

解：计量点电量见表 CH309 - 3，目录电费明细见表 CH309 - 4，基本电费明细见表 CH309 - 5，功率因数调整电费明细见表 CH309 - 6，汇总电量电费明细见表 CH309 - 7。

表 CH309 - 3 　　　　　　　　　　计 量 点 电 量 　　　　　　　　　　单位：kWh

计量点表号	示数类型	本次抄见电量	扣除分表有功	剩余抄见电量	线损分摊 0.50%	结算电量	
000766 主表	有功（总）	3 402 740	198 144	3 204 596	17 014	3 221 610	
	有功（峰）	881 760	49 536	832 224	4254	836 478	
	有功（谷）	1 100 880	66 048	1 034 832	5671	1 040 503	
	有功（平）	1 420 100	82 560	1 337 540	7089	1 344 629	
	无功（总）	1 145 320		1 145 320	5727	151 047	
	最大需量	7069					
000782 考核表	有功（总）	3 404 500					
	有功（峰）	883 520					
	有功（谷）	1 101 540					
	有功（平）	1 419 440					
	无功（总）	1 145 100					
	最大需量	7073					
020004 备供总表	有功（总）	0					
	有功（峰）	0					
	有功（谷）	0					
	有功（平）	0					
	无功（总）	0					
020007 分表	有功（总）	198 144					

表 CH309 - 4 　　　　　　　　　　目 录 电 费 明 细 　　　　　　　　　　单位：元

目录电价简称		时段	有功结算电量	目录电度电价	目录电度电费	代征电价合计	代征电费
大工业	110kV（免附加）	峰	836 478	0.957 96	801 312.46	0.0626	52 363.52
		谷	1 040 503	0.255 456	265 802.73	0.0626	65 135.49
		平	1 344 629	0.5322	715 611.55	0.0626	84 173.78
居民生活照明	110kV（免附加）	平	138 701	0.5214	72 318.7	0.0486	6740.87
非居民照明	110kV（免附加）	平	59 443	0.8674	51 560.85	0.0626	3721.13

表 CH309 - 5 　　　　　　　基 本 电 费 明 细 　　　　　　　单位：元

基本电费分类	基费计费量值	基本电价	基本电费金额
按需量	7069	42	296 898
按容量		28	

表 CH309 - 6 　　　　　　　功率因数调整电费明细

功率因数标准		0.90					
目录电价简称		参与调整电费	调整系数	功率因数调整电费	有功电量	无功电量	实际功率因数
大工业	110kV（免附加）	2 079 624.74	−0.0075	−15 597.19	3 419 754	1 151 047	0.95

表 CH309 - 7 　　　　　　　汇总电量电费明细 　　　　　　　单位：元

汇总电量电费		其　　　中			
合计电量	合计电费	目录电度电费	代征电费	功率因数调整电费	基本电费金额
3 419 754	2 400 041.89	1 906 606.29	212 134.79	−15 597.19	296 898

二、考核

1. 考核场地

（1）每个工位场地面积 2000mm×2000mm，可容纳 4 个工位同时操作。

（2）每个工位配有考生书写桌椅。

（3）设置 4 套评判桌椅和计时秒表。

2. 考核要点

（1）在 SG186 系统中审核电量电费是否正确。

（2）能区分主表与考核表抄录数据，会对比分析。

（3）判断用户电价类别，如分时电价，基本比价等是否正确。

（4）核对用户电量电费，如基本电费、力调电费、电度电费、汇总电量电费等。

（5）安全文明生产、按时独立完成。

3. 考核时间

(1) 考核时间为 55min。

(2) 许可答题时开始计时，到时停止操作。

三、评分参考标准

行业：电力工程　　　　　　工种：抄表核算收费工　　　　　　等级：三

编号	CH309	行为领域	e	鉴定范围	
考核时间	55min	题型	A	含权题分	40
试题名称	两部制电价客户按需量（含线损）电费计算				
考核要点及其要求	(1) 在 SG186 系统中审核电量电费是否正确。 (2) 能区分主表与考核表抄录数据，会对比分析。 (3) 判断用户电价类别，如分时电价，基本电价等是否正确。 (4) 核对用户电量电费，如基本电费、力调电费、电度电费、汇总电量电费等。 (5) 安全文明生产、按时独立完成				
现场设备、工具、材料	(1) 工器具：碳素笔（红、蓝或黑笔）、计算器、SG186 营销系统。 (2) 材料：答题试卷、电价表、功率因数调整电费比照表、变压器损耗电量查对表、白纸。 (3) 设备：桌椅 1 套/工位				
备注					

			评分标准				

序号	作业名称	质量要求	分值	扣分标准	扣分原因	得分
1	电量电费的计算与审核	正确执行电价政策	30	未发现错误一处扣 5 分		
2		正确完整书写计算过程和退补结果	40	（1）无计算过程扣 10 分，每错一处扣 5 分。 （2）退补结果错误扣 5 分		
3		退补流程完整	20	（1）未发起退补流程扣 5 分。 （2）退补方式选择错误扣 5 分。 （3）退补方案错误扣 10 分		
4		正确应用划红线更正法	5	有错、未使用划红线更正法扣 5 分		
5	安全文明生产	文明作业，独立完成	5	违规操作或发生不安全生产扣 5 分		
考试开始时间				考试结束时间		合计
考生栏	编号：　　　姓名：		所在岗位：		单位：	日期：
考评员栏	成绩：　　　考评员：			考评组长：		

一、操作

1. 工器具、材料、设备

（1）工器具：碳素笔（红、蓝或黑笔）、计算器。

（2）材料：业务工作单、抄表卡、电价表、白纸。

（3）设备：装有单相故障电能表的模拟抄表装置1台/工位、桌椅和计时秒表1
套/工位。

2. 注意事项

（1）考前出示证件，遵守考场规定。

（2）穿工作服、绝缘鞋、戴安全帽。

（3）出具准考证、身份证。

3. 步骤与要求

（1）步骤。

1）现场抄表核对电能表止码；电能表止码与上月止码相同，电能表止码应比
上月有所增加。

2）确定表停走，要求用户开启负荷试表。

3）做好表计故障记录。

4）填写抄表异常业务工单，客户签字确认。

5）计算补收电量：按照《供电营业规则》有关规定。按上月电量补收本月电
量或者按换表后的新表记录电量分日计算（这里不按分日电量计算补收电量，只
按《供电营业规则》规定补收）。根据客户抄表卡片确定上月用电量，计算本月抄
见电量。

$$计算补收电量 = 上月参考电量 - 本月抄见电量$$

6）计算补收电费：按给定电价计算，补收电费＝补收电量×电度电价。

7）计算补代征款：补收电量×代征款合计。

8）计算合计补收电费。

9）下达换表业务工单。

（2）要求。

1）不能随便确定电能表停走。

2）电量补收：执行《供电营业规则》有关规定补收，或者按换表后的新表记录电量分日计算。

3）新表换装后，至少要以七个工作日以上抄见电量为标准。

4）根据规定计算追补电量、电费。

5）抄表异常业务工单内容填写详细明确。

（3）范例。

现象：一居民用户上月抄见止码 23 489，月电量 200kWh，本月抄表止码 23 526，电量突减，客户用电情况没有变化。概括上述情况确定本月电量、电费处理情况。

解：抄表时核对电能表止码；电能表止码与上月止码相同，电能表止码与上月有所增加。

配合用户开灯试表，确定电能表停走。

填写抄表异常业务工单，客户确认。

按照《供电营业规则》有关规定，按上月电量补收本月电量。

本月抄见电量为

$(23\ 526-23\ 489)\times 1=37$ （kWh）

补收电量$=200-37=163$ （kWh）

补收电费$=163\times 0.5094$ 元/kWh$=83.03$ （元）

补代征款：$163\times 0.0606=9.88$ （元）

合计补收电费$=83.03+9.88=92.91$ （元）

答：本月抄见电量为 37kWh，应补收电费 92.91 元。

二、考核

1. 考核场地

（1）每个工位场地面积 2000mm×2000mm，可容纳 4 个工位同时操作。

（2）每个工位配有考生书写桌椅。

（3）设置 4 套评判桌椅和计时秒表。

2. 考核要点

（1）电能表停走判断方法正确。

（2）计算依据正确。

（3）电量、电费结论正确。

(4) 业务工作内容填写正确。

3. 考核时间

(1) 考核时间为 15min。

(2) 考核前准备工作不计入考核总时间内。

(3) 许可开工后开始计时，到时停止操作。

三、评分参考标准

行业：电力工程　　　　　工种：抄表核算收费工　　　　　等级：三

编号	CH310	行为领域	e	鉴定范围	
考核时间	15min	题型	A	含权题分	20
试题名称	抄表时发现电能表故障电量、电费追补处理				
考核要点及其要求	(1) 判断电能表停走方法正确。 (2) 计算依据正确。 (3) 电量、电费结论正确。 (4) 业务工单内容填写详细正确				
现场设备、工具、材料	(1) 工器具：碳素笔（红、蓝或黑笔）、计算器。 (2) 材料：业务工作单、抄表卡、电价表、白纸。 (3) 设备：装有单相故障电能表的模拟抄表装置1台/工位，桌椅和计时秒表1套/工位				
备注					

评分标准							
序号	作业名称	质量要求	分值	扣分标准	扣分原因	得分	
1	着装	正确佩戴安全帽、工作证，穿工作服绝缘鞋	5	(1) 未穿工作服扣3分。 (2) 未穿绝缘鞋扣1分。 (3) 未戴安全帽扣1分			
2	计算抄见电量	正确计算抄见电量	5	未计算或算错扣5分			
3	现场确定电表停走	要求用户协助开灯试表，确定电能表是否停走	10	判断错误扣分10分			
4	填写抄表异常业务工单	业务工单填写详细清楚	10	(1) 未下单扣5分。 (2) 下单客户未签字扣5分			
5	追补电量依据	根据《供电营业规则》规定，电能表故障停走后，可暂按正常月电量补收	10	无依据扣10分			

			评分标准				
序号	作业名称	质量要求	分值	扣分标准	扣分原因	得分	
6	应补收电量	正确计算补收电量	10	不按正常月补收扣 10 分		
7	补收电费	正确计算补收电费	15	(1) 电价错扣 10 分。 (2) 结论错扣 5 分		
8	代征款	正确计算补收代征款	10	(1) 代征款合价错扣 5 分。 (2) 结论错扣 5 分		
9	合计电费	正确计算合计补收电费	15	电费合计错扣 15 分		
10	换表工单填写	业务工单填写详细清楚	10	未出换表工单扣 10 分		
考试开始时间				考试结束时间		合计	
考生栏	编号:	姓名:	所在岗位:	单位:	日期:		
考评员栏	成绩:	考评员:		考评组长:			

CH311 根据变压器容量确定计量方案及计量装置参数

一、操作

1. 工器具、材料、设备

(1) 工器具：碳素笔（红、蓝或黑笔）、计算器。

(2) 材料：业务工作单、白纸。

(3) 设备：桌椅1套/工位。

2. 注意事项

(1) 考前出示证件，遵守考场规定。

(2) 着装整洁，出具准考证、身份证。

3. 步骤与要求

(1) 步骤。

1) 根据变压容量确定计量方案：按给定变压器容量×××kVA，计量方案高供低计或高供高计。

2) 计算变压器二次侧电流：列出电流计算公式。

$$I = \frac{P}{\sqrt{3}U\cos\varphi}$$

3) 将计算负荷代入公式。

4) 根据计算电流及电流互感器规格应选用电流互感器。

5) 按《电能计量装置技术管理规程》应选用过载4倍及以上的电能表，配置电能表。

6) 出具配表业务工单。

(2) 要求。

1) 根据提供设备容量计算

2) 不考虑超载、轻载。

3) 功率因数取1.0。

4) 按《电能计量装置技术管理规程》要求配备电能表。

5) 电能表配置满足国网公司智能电能表要求。

（3）范例。

客户报装请求：某工业客户申请新装一台 100kVA 变压器，该客户功率因数取 1.0，请确定计量装置的配置。

解：确定计量方案，按变压器容量 100kVA 及计量装置有关定，计量方案高供低计。

列出电流计算公式计算电流

$$I=\frac{P}{\sqrt{3}U\cos\varphi}=\frac{100\times1000}{\sqrt{3}\times380\times1}=151.94（A）$$

答：根据电流互感器规格，二次侧为 5A，应选用 500V、150/5、0.5S 电流互感器。按《电能计量装置技术管理规程》应选用过载 4 倍及以上的电能表，配置 DTSD－×××220/380V、1.5（6）A、0.5S 级三相四线多功能电能表。出具配表业务工单。

二、考核

1. 考核场地

（1）每个工位场地面积 2000mm×2000mm，可容纳 4 个工位同时操作。

（2）每个工位配有考生书写桌椅。

（3）设置 4 套评判桌椅和计时秒表。

2. 考核要点

（1）公式正确。

（2）计算结论正确。

（3）计量装置配置正确。

3. 考核时间

（1）考核时间为 15min。

（2）许可答题时开始时间，到时停止操作。

三、评分参考标准

行业：电力工程　　　　　　工种：抄表核算收费工　　　　　　等级：三

编号	CH311	行为领域	e	鉴定范围	
考核时间	15min	题型	A	含权题分	20
试题名称	根据变压器容量确定计量方案及计量装置参数				
考核要点 及其要求	（1）按上述给定的数据进行答题，正确计算电流。 （2）每步计算结果，均保留两位小数。 （3）列出相应的计算公式，然后代入数据计算出结果，单位用文字或字母正确表示。 （4）正确陈述计算结果。 （5）试卷干净、整洁。 （6）独立、按时完成				

现场设备、工具、材料	(1) 工器具：碳素笔（红、蓝或黑笔）、计算器。 (2) 材料：业务工作单、白纸。 (3) 设备：桌椅1套/工位
备注	

评分标准

序号	作业名称	质量要求	分值	扣分标准	扣分原因	得分
1	确定计量方案	高供低计	20	方案错扣20分		
2	列公式	电流 $I=\dfrac{P}{\sqrt{3}U\cos\varphi}$	20	公式错误扣20分		
3	电流计算	正确计算电流值	20	(1) 单位错扣10分。 (2) 结果错扣10分		
4	计量装置配置	正确选择电流互感器，电能表	30	(1) 互感器变比错扣8分，电压扣2分，选错精度错扣5分。 (2) 电能表型号选错扣5分，电压选错2分，电流选错3分，精度错扣5分		
5	填写业务工单	业务工单填写详细清楚	10	未填写业务工单扣10分		
考试开始时间			考试结束时间		合计	
考生栏	编号： 姓名：		所在岗位：	单位：	日期：	
考评员栏	成绩： 考评员：			考评组长：		

CH312 绕越计量装置用电电量电费计算

一、操作

1. 工器具、材料、设备

（1）工器具：碳素笔（红、蓝或黑笔）、计算器。

（2）材料：答题试卷、业务工作单、电价表、白纸。

（3）设备：桌椅 1 套/工位。

2. 注意事项

（1）考前出示证件，遵守考场规定。

（2）着装整洁，准考证、身份证。

（3）独立完成。

3. 步骤与要求

（1）步骤。

1）确定私接设备容量。

2）根据私接的用电设备计算追补电量：擅自接线用电的，所窃电量按私接设备额定容量乘以实际窃用时间计算；以其他行为窃电的，所窃电量按计费电能表标定额定电流值所指容量乘以实际使用的时间计算。

窃电时间无法查明的，窃电日数至少以 180 天计算，动力用户每日按 12h 计算，照明用户每日按 6h 计算。

根据题意窃电时间不清，计算应追补电量：动力电量＝私接容量×180 天×12h。

照明电量＝私接容量×180 天×6h

3）依据给定电价表计算补收电费。动力补收电费＝动力电量×给定电价。

照明补收电费＝照明电量×给定电价

4）计算代征款、（动力电量＋照明电量）×代征款合计。

5）计算合计应收费。

6）下达业务工单。

（2）要求。

1）根据《供电营业规则》第一百零三条规定确定窃电量，计算补收电费。

2）计算步骤正确。

3）业务工作内容填写详细明确。

（3）范例。

现象：一居民生活用电客户装有三相四线制 5（40）A、220/380V 电能表，在一次用电检查时发现用户私自绕越电能表接用动力设备 3kW，和租赁经营门市部照明 1kW，实际使用起讫日期不清。请确定对该客户的处理办法。动力电费：0.8944 元/kW、照明电价：0.8944 元/kW、代征整合价：0.0656 元/kW。

解：私接设备容量，动力负荷 3kW，照明负荷 1kW。

计算追补电量

动力电量＝3×180×12＝6480（kWh）

照明电量＝1kW×180×6＝1080（kWh）

依据给定电价表计算补收电费

动力补收电费＝6480×0.8944＝5795.71（元）

照明补收电费＝1080×0.8944＝965.95（元）

计算代征款

（6480＋1080）×0.0656＝495.94（元）

合计补收电费＝5795.71＋965.95＋495.94＝7257.60（元）

答：该用户采用绕越电能表用电力负荷，应按照规定追补电费 7257.60 元外，情节严重的还需报告电力管理部门，依法进行行政处罚和刑事追刑。

二、考核

1. 考核场地

（1）每个工位场地面积 200mm×150mm，可容纳 4 个工位同时操作。

（2）每个工位配有考生书写桌椅。

（3）设置 4 套评判桌椅和计时秒表。

2. 考核要点

（1）计算依据正确。

（2）追补电量计算正确。

（3）追补电费计算正确。

（4）业务工作内容填写正确。

3. 考核时间

（1）考核时间为 15min。

（2）许可答题时开始时间，到时停止操作。

三、评分参考标准

行业：电力工程　　　　　　　　工种：抄表核算收费工　　　　　等级：三

编号	CH312	行为领域		e	鉴定范围	
考核时间	15min	题型		A	含权题分	20
试题名称	越表用电违约使用电费核算					
考核要点及其要求	(1) 计算依据正确。 (2) 追补电量、电费结论正确。 (3) 违约使用电费计算正确。 (4) 业务工单内容填写详细正确					
现场设备、工具、材料	(1) 工器具：碳素笔（红、蓝或黑笔）、计算器。 (2) 材料：答题试卷、电价表、业务工单、白纸。 (3) 设备：桌椅1套/工位					
备注						

评分标准

序号	作业名称	质量要求	分值	扣分标准	扣分原因	得分
1	确定越表用户负荷	正确计算越表用电负荷	10	(1) 动力负荷错扣5分。 (2) 照明负荷计算错扣5分		
2	确定越表用电时间	时间不清：至少180天，动力用户每天按12h，照明用户每天按6h	25	(1) 天数错扣10分。 (2) 动力用户每天时间错扣8分。 (3) 照明用户每天时间错扣7分		
3	追补电量计算	正确计算补收电量	15	(1) 动力结果错扣6分。 (2) 照明结果错扣6分。 (3) 单位未写或错扣3分		
4	追补电费计算	正确计算补收电费	15	(1) 动力电费错扣6分。 (2) 照明电费错扣6分。 (3) 单位未写或错扣3分		
5	追补代征款	正确计算代征款	10	代征款计算错扣10分		
6	合计电费	合计电费正确	20	合计计算错扣20分		
7	业务工单填写	业务工单填写详细正确	5	未填扣5分		
考试开始时间				考试结束时间		合计
考生栏	编号：　　姓名：		所在岗位：		单位：　　　日期：	
考评员栏	成绩：　　考评员：				考评组长：	

SG186违约金暂缓及注意事项

一、操作

1. 工器具、材料、设备

（1）工器具：碳素笔（红、蓝或黑笔）、计算器。

（2）材料：工作证件、业务工作单。

（3）设备：SG186营销业务模拟系统、计算机1台/工位。

2. 注意事项

注意带电设备的安全操作。

3. 步骤与要求

（1）步骤。

1）根据分配的工号和密码，登录SG186营销业务模拟系统。

2）在SG186营销业务模拟系统内，对某户的违约金进行全额暂缓申请处理。

3）描述违约金暂缓申请的注意事项。

4）清理现场，文明作业。

（2）要求。

在SG186营销业务模拟系统内，完成违约金暂缓申请。

二、考核

1. 考核场地

（1）每组操作面积不小于2000mm×2000mm，场地面积能同时容纳4组计算机。

（2）每个工位配有考生书写桌椅。

（3）设置4套评判桌椅和计时秒表。

2. 考核要点

（1）违约金暂缓申请正确。

（2）注意事项描述正确。

（3）安全文明生产。

3. 考核时间

（1）考核时间为 15min。

（2）考核前准备工作不计入考核总时间内。

（3）许可开工后开始计时，到时停止操作。

三、评分参考标准

行业：电力工程　　　　工种：抄表核算收费工　　　　等级：三

编号	CH313	行为领域	e	鉴定范围	
考核时间	15min	题型	A	含权题分	20
试题名称	SG186 违约金暂缓及注意事项				
考核要点及其要求	（1）违约金暂缓申请正确。 （2）注意事项描述正确。 （3）安全文明生产				
现场设备、工具、材料	（1）工器具：碳素笔（红、蓝或黑笔）、计算器。 （2）材料：工作证件、业务工作单。 （3）设备：SG186 营销业务模拟系统、计算机 1 台/工位				
备注					

			评分标准			
序号	作业名称	质量要求	分值	扣分标准	扣分原因	得分
1	违约金暂缓	正确完成违约金暂缓申请处理	50	未完成违约金暂缓申请处理扣 50 分		
2	注意事项	正确描述冲正（或冲红）注意事项	40	（1）已产生的电费违约金没有减免的概念，只能申请违约金暂缓缴纳，对于欠费用户在暂缓缴纳的【*有效日期】内缴纳电费的，则不收取电费违约金，之后也不会存在电费违约金。回答错误扣 6 分。 （2）【起始日期】系统默认为当前日期，【起始日期】必须小于或等于应收电费发行日期，因此，所选择的【起始日期】和【截止日期】须在欠费用户的应收电费发行日期范围内。回答错误扣 6 分。		

序号	作业名称	质量要求	分值	扣分标准	扣分原因	得分
				评分标准		
2	注意事项	正确描述冲正（或冲红）注意事项	40	（3）带＊号处为必填项，【暂缓原因】前面未带＊号，但也为必填项，如为空系统有提示。回答错误扣6分。 （4）应注意违约金暂缓审批权限。回答错误扣6分。 （5）已经发起过违约金暂缓申请的不能重复申请，重复申请系统有提示。回答错误扣6分		
3	安全文明生产	文明操作，禁止违规操作，不损坏工器具，不发生安全生产事故	10	（1）有不安全行为扣3分。 （2）有违规行为扣4分。 （3）有损坏工器具行为扣3分		
考试开始时间				考试结束时间	合计	
考生栏	编号： 姓名：		所在岗位：	单位：	日期：	
考评员栏	成绩： 考评员：			考评组长：		

一、操作

1. 工器具、材料、设备

（1）工器具：碳素笔（红、蓝或黑笔）、计算器。

（2）材料：工作证件、业务工作单。

（3）设备：SG186 营销业务模拟系统、计算机 1 台/工位。

2. 注意事项

注意资金安全。

3. 步骤与要求

（1）步骤。

1）根据分配的工号和密码，登录 SG186 营销业务模拟系统。

2）在 SG186 营销业务模拟系统内，对某户收取××××元现金。

3）在 SG186 营销业务模拟系统内，对该户收取的××××元现金进行全额退费处理操作（或者考核冲红），相应审批权限工号由考生自行查找。

4）描述冲正或冲红注意事项。

5）清理现场，文明作业。

（2）要求。

1）在 SG186 营销业务模拟系统内，完成现金收费。

2）在 SG186 营销业务模拟系统内，完成冲正（或冲红）。

二、考核

1. 考核场地

（1）每组操作面积不小于 2000mm×2000mm，场地面积能同时容纳 4 组计算机。

（2）每个工位配有考生书写桌椅。

（3）设置 4 套评判桌椅和计时秒表。

2. 考核要点

（1）现金收费正确。

(2) 冲正或冲红处理完成。

(3) 注意事项描述正确。

(4) 安全文明生产。

3．考核时间

(1) 考核时间为 15min。

(2) 考核前准备工作不计入考核总时间内。

(3) 许可开工后开始计时，到时停止操作。

三、评分参考标准

行业：电力工程　　　　　工种：抄表核算收费工　　　　　等级：三

编号	CH314	行为领域	e	鉴定范围	
考核时间	15min	题型	C	含权题分	20
试题名称	SG186 冲正或冲红及注意事项				
考核要点 及其要求	(1) 现金收费正确。 (2) 冲正或冲红处理完成。 (3) 注意事项描述正确。 (4) 安全文明生产				
现场设备、 工具、材料	(1) 工器具：碳素笔（红、蓝或黑笔）、计算器。 (2) 材料：工作证件、业务工作单。 (3) 设备：SG186 营销业务模拟系统、计算机 1 台/工位				
备注					

评分标准

序号	作业名称	质量要求	分值	扣分标准	扣分原因	得分
1	现金收费	正确用现金收取一户电费	20	未完成一户现金缴费扣20分		
2	冲正（或冲红）	完成错收电费的退款（或退预收电费）	50	未完成错收电费的退款扣50分（或未完成退预收电费扣50分）		
3	注意事项	正确描述冲正（或冲红）注意事项	20	冲正注意事项：每项错误扣4分，共5项。 (1) 冲正为当日退费，申请冲正前必须满足四个条件：一是谁收费谁申请冲正；二是系统收费日期为当日；三是解款状态为未解款；四是电费发票必须收回，并在营销系统中作废。 (2) 冲正可以单笔操作，也可以多笔操作。		

		评分标准				
序号	作业名称	质量要求	分值	扣分标准	扣分原因	得分
3	注意事项	正确描述冲正（或冲红）注意事项	20	（3）冲正只能全额进行冲正，不允许部分冲正。 （4）冲正流程发起后，必须在当日内将流程处理结束，否则，将视同为无效工单，也会影响日终业务统计。 （5）坐收收费中处理冲正审批前，应确认票据状态为"已作废"。 或冲红注意事项：每项错误扣5分，共4项。 （1）冲红业务只针对电费业务，业务费无此功能。 （2）冲红前必须收回所有票据，冲红后营销系统不会自动作废票据，需要手工作废票据。 （3）坐收冲红只能按户处理，对应的解款记录应为"入账"状态才能做冲红处理。 （4）冲红完成后，用户的实收电费转为预收电费，同时实收状态成为欠费状态		
4	安全文明生产	文明操作，禁止违规操作，不损坏工器具，不发生安全生产事故	10	（1）有不安全行为扣3分。 （2）有违规行为扣4分。 （3）有损坏工器具行为扣3分		
考试开始时间			考试结束时间		合计	
考生栏	编号：	姓名：	所在岗位：	单位：	日期：	
考评员栏	成绩：	考评员：		考评组长：		

一、操作

1. 工器具、材料、设备

（1）工器具：碳素笔（红、蓝或黑笔）、手电筒、计算器、低压试电笔、抄表机、梯子。

（2）材料：工作证件、抄表器、业务工作单。

（3）设备：SG186 营销业务模拟系统，计算机 1 台/工位，装有单相、三相四线、三相三线电能表的模拟抄表装置 1 台/工位。

2. 注意事项

（1）正确填用第二种工作票（抄表前工作票已填），工作服、安全帽、绝缘鞋符合 DL 409—1991《电业安全工作规程（电力线路部分）》要求。

（2）上门抄表主动出示证件，遵守客户制度并请客户配合。

（3）进入配电室抄表过程中，分清高低压设备，始终与高压带电设备保持 0.7m 安全距离，防止电缆沟盖板损坏跌落。

（4）使用试电笔测试配电柜本体不带电，严禁头部进入配电柜抄录电表。

（5）登高 1.5m 以上应系好安全带，保持与带电设备的安全距离。使用梯子登高作业时，应有人扶持。

（6）发现客户违规用电，应做好记录，及时通知相关人员处理，不与客户发生冲突。

3. 步骤与要求

（1）步骤。

1）领取抄表机，并检查抄表机是否完好，做好抄表准备。

2）在 SG186 营销业务模拟系统内，新增抄表机信息，并发放。

3）在 SG186 营销业务模拟系统内，制定抄表计划。

4）在 SG186 营销业务模拟系统内，进行抄表数据准备。

5）在 SG186 营销业务模拟系统内，进行抄表数据下载。

6）在模拟抄表装置电能表处使用抄表机抄录电量。共计单相表2块，三相四线表2块，三相三线表7块。

7）在SG186营销业务模拟系统内，进行抄表数据上传。

8）在SG186营销业务模拟系统内，进行抄表数据复核。

9）对抄表现场用电信息进行判断，若有异常，填写业务工作单，并在SG186营销业务模拟系统内发起相关异常处理流程。

10）在SG186营销业务模拟系统内，返还抄表机，并删除抄表机信息。

11）清理现场，文明作业。

（2）要求。

1）在SG186营销业务模拟系统内，完成抄表相关流程。

2）使用抄表机准确抄录客户电量，不得缺抄、漏抄、估抄。

3）核对电能表峰、平、谷时段电量之和是否等于总电量。

4）对抄表现场异常情况进行判断及处理。

二、考核

1．考核场地

（1）场地面积能同时容纳4组模拟抄表装置，每组操作面积不小于2000×2000mm。

（2）每个工位配有考生书写桌椅。

（3）室内备有通电试验用的三相电源（有接地保护）4处以上。

（4）设置4套评判桌椅和计时秒表。

2．考核要点

（1）抄表机使用正确。

（2）抄表流程正确。

（3）准确抄录电能表止码。

（4）对用电信息（如电表厂名、表号、型号，互感器型号、变比等）进行核对，如有异常进行处理。

（5）安全文明生产。

3．考核时间

（1）考核时间为50min。

（2）考核前准备工作不计入考核总时间内。

（3）许可开工后开始计时，到时停止操作。

三、评分参考标准

行业：电力工程　　　　　工种：抄表核算收费工　　　　　等级：二

编号	CH201	行为领域	e	鉴定范围	
考核时间	50min	题型	A	含权题分	25
试题名称	使用抄表机现场抄表及用电信息核对				
考核要点及其要求	(1) 抄表机使用正确。 (2) 抄表流程正确。 (3) 准确抄录电能表止码。 (4) 对用电信息异常进行判断及处理。 (5) 安全文明生产。 (6) 独立、按时完成				
现场设备、工具、材料	(1) 工器具：碳素笔（红、蓝或黑笔）、手电筒、计算器、低压试电笔、抄表机、梯子。 (2) 材料：工作证件、抄表器、业务工作单。 (3) 设备：SG186营销业务模拟系统，计算机1台/工位，装有单相、三相四线、三相三线电能表的模拟抄表装置1台/工位				
备注	该项操作工作票已开，危险点预控措施已做				

评分标准

序号	作业名称	质量要求	分值	扣分标准	扣分原因	得分
1	着装	正确佩戴安全帽、工作证，穿工作服绝缘鞋	3	(1) 未穿现场工作服扣1分。 (2) 未穿绝缘鞋扣1分。 (3) 未戴安全帽扣1分		
2	抄表机使用	正确对抄表机进行新增，领用，返还，删除信息操作	4	(1) 未进行抄表机发放扣2分。 (2) 未进行抄表机返还扣2分		
3	抄表流程	正确完成所有抄表流程	8	(1) 未形成抄表数据扣2分。 (2) 未成功下载抄表数据扣2分。 (3) 未成功上传抄表数据扣2分。 (4) 未成功复核抄表数据扣2分		
4	现场抄表	正确使用抄表机完成所有表计的电量抄录	51	(1) 单相表、三相四线直通表止码抄错一户扣1分，共3户。 (2) 三相四线多功能表，三相三线多功能表，总有功、峰、平、谷、无功、需量止码抄错一项扣1分，共8块		

序号	作业名称	质量要求	分值	扣分标准	扣分原因	得分
5	抄表异常	正确判断用电信息，并对异常情况进行处理	26	（1）未对用电信息异常进行正确判断扣5分，共2处。 （2）未对用电信息异常发起处理流程扣8分，共2处		
6	填写业务工单	正确填写业务工单	4	未填写业务工单扣4分		
7	安全文明生产	文明操作，禁止违规操作，不损坏工器具，不发生安全生产事故	4	（1）有不安全行为扣1分。 （2）有违规行为扣1分。 （3）有损坏工器具行为扣1分。 （4）离开时未清理现场扣1分		
考试开始时间			考试结束时间		合计	
考生栏	编号： 姓名：		所在岗位：	单位：	日期：	
考评员栏	成绩： 考评员：			考评组长：		

CH202 使用抄表机现场抄表及计量装置异常处理

一、操作

1. 工器具、材料、设备

（1）工器具：碳素笔（红、蓝或黑笔）、手电筒、计算器、低压试电笔、抄表机、梯子。

（2）材料：工作证件、抄表器、业务工作单。

（3）设备：SG186营销业务模拟系统，计算机1台/工位，装有单相、三相四线、三相三线电能表的模拟抄表装置1台/工位。

2. 注意事项

（1）正确填用第二种工作票（抄表前工作票已填），工作服、安全帽、绝缘鞋符合DL 409—1991《电业安全工作规程（电力线路部分）》要求。

（2）上门抄表主动出示证件，遵守客户制度并请客户配合。

（3）进入配电室抄表过程中，分清高低压设备，始终与高压带电设备保持0.7m安全距离，防止电缆沟盖板损坏跌落。

（4）使用试电笔测试配电柜本体不带电，严禁头部进入配电柜抄录电表。

（5）登高1.5m以上应系好安全带，保持与带电设备的安全距离。使用梯子登高作业时，应有人扶持。

（6）发现客户违规用电，应做好记录，及时通知相关人员处理，不与客户发生冲突。

3. 步骤与要求

（1）步骤。

1）领取抄表机，并检查抄表机是否完好，做好抄表准备。

2）在SG186营销业务模拟系统内，新增抄表机信息，并发放。

3）在SG186营销业务模拟系统内，制订抄表计划。

4）在SG186营销业务模拟系统内，进行抄表数据准备。

5）在SG186营销业务模拟系统内，进行抄表数据下载。

6）在模拟抄表装置电能表处使用抄表机抄录电量。共计单相表 2 块，三相四线表 2 块，三相三线表 7 块。

7）在 SG186 营销业务模拟系统内，进行抄表数据上传。

8）在 SG186 营销业务模拟系统内，进行抄表数据复核。

9）对抄表现场计量装置故障进行判断，若有异常，填写业务工作单，并在 SG186 营销业务模拟系统内发起相关异常处理流程。

10）在 SG186 营销业务模拟系统内，返还抄表机，并删除抄表机信息。

11）清理现场，文明作业。

（2）要求。

1）在 SG186 营销业务模拟系统内，完成抄表相关流程。

2）使用抄表机准确抄录客户电量，不得缺抄、漏抄、估抄。

3）核对电能表峰、平、谷时段电量之和是否等于总电量。

4）对抄表现场异常情况进行判断及处理。

二、考核

1. 考核场地

（1）场地面积能同时容纳 4 组模拟抄表装置，每组操作面积不小于 2000mm×2000mm。

（2）每个工位配有考生书写桌椅。

（3）室内备有通电试验用的三相电源（有接地保护）4 处以上。

（4）设置 4 套评判桌椅和计时秒表。

2. 考核要点

（1）抄表机使用正确。

（2）抄表流程正确。

（3）准确抄录电能表止码。

（4）对计量装置异常（如电压、电流等异常）进行判断及处理。

（5）安全文明生产。

3. 考核时间

（1）考核时间为 50min。

（2）考核前准备工作不计入考核总时间内。

（3）许可开工后开始计时，到时停止操作。

三、评分参考标准

行业：电力工程　　　　　工种：抄表核算收费工　　　　　等级：二

编号	CH202	行为领域	e	鉴定范围	
考核时间	50min	题型	A	含权题分	25
试题名称	使用抄表机现场抄表及计量装置异常处理				
考核要点及其要求	(1) 抄表机使用正确。 (2) 抄表流程正确。 (3) 准确抄录电能表止码。 (4) 对计量装置异常进行判断及处理。 (5) 安全文明生产。 (6) 独立、按时完成				
现场设备、工具、材料	(1) 工器具：碳素笔（红、蓝或黑笔）、手电筒、计算器、低压试电笔、抄表机、梯子。 (2) 材料：工作证件、抄表器、业务工作单。 (3) 设备：SG186营销业务模拟系统，计算机1台/工位，装有单相、三相四线、三相三线电能表的模拟抄表装置1台/工位				
备注	该项操作工作票已开，危险点预控措施已做				

评分标准

序号	作业名称	质量要求	分值	扣分标准	扣分原因	得分
1	着装	正确佩戴安全帽、工作证，穿工作服绝缘鞋	3	(1) 未穿工作服扣1分。 (2) 未穿绝缘鞋扣1分。 (3) 未戴安全帽扣1分		
2	抄表机使用	正确对抄表机进行新增，领用，返还，删除信息操作	4	(1) 未进行抄表机发放扣2分。 (2) 未进行抄表机返还扣2分		
3	抄表流程	正确完成所有抄表流程	8	(1) 未形成抄表数据扣2分。 (2) 未成功下载抄表数据扣2分。 (3) 未成功上传抄表数据扣2分。 (4) 未成功复核抄表数据扣2分		
4	现场抄表	正确使用抄表机完成所有表计的电量抄录	51	(1) 单相表、三相四线直通表止码抄错一户扣1分，共3户。 (2) 三相四线多功能表，三相三线多功能表，总有功、峰、平、谷、无功、需量止码抄错一项扣1分，共8块		

			评分标准				
序号	作业名称	质量要求	分值	扣分标准	扣分原因	得分	
5	抄表异常	正确判断计量装置异常，并对异常进行处理	26	（1）未对计量装置异常进行正确判断扣5分，共2处。 （2）未对计量装置异常发起处理流程扣8分，共2处		
6	填写业务工单	正确填写业务工单	4	未填写业务工单扣4分		
7	安全文明生产	文明操作，禁止违规操作，不损坏工器具，不发生安全生产事故	4	（1）有不安全行为扣1分。 （2）有违规行为扣1分。 （3）有损坏工器具行为扣1分。 （4）离开时未清理现场扣1分		
考试开始时间			考试结束时间		合计	
考生栏	编号：	姓名：	所在岗位：	单位：	日期：	
考评员栏	成绩：	考评员：		考评组长：		

两部制电价客户按容量分表变更
（含线损）电费核算

一、操作

1. 工器具、材料、设备

（1）工器具：碳素笔（红、蓝或黑笔）、计算器、SG186 营销系统。

（2）材料：答题试卷、电价表、功率因数调整电费比例对照表、变压器损耗电量查对表、白纸。

（3）设备：桌椅 1 套/工位。

2. 注意事项

（1）考前出示证件，遵守考场规定。

（2）着装整洁，准考证、身份证齐全。

（3）按时独立完成。

3. 步骤与要求

（1）步骤。

1）根据给定条件，结合现行电价政策，用电客户的供用电合同，在 SG186 营销系统中核算电量电费是否正确。

2）抄见电量计算：根据抄见用电客户电能表的示数、表位数和综合倍率等计算出各时段抄见电量。

$$抄见电量＝（本次示数－上月示数）×倍率＝本次抄见电量$$

计算总、峰、平、谷、无功抄见电量公式如下。

$$有功总抄见电量＝（有功总本次示数－有功总上次示数）×倍率$$

$$有功峰抄见电量＝（有功峰本次示数－有功峰上次示数）×倍率$$

$$有功谷抄见电量＝（有功谷本次示数－有功谷上次示数）×倍率$$

$$有功平抄见电量＝有功总抄见电量－有功峰抄见电量－有功平抄见电量$$

$$无功总抄见电量＝（无功总本次示数－无功总上次示数）×倍率$$

$$分表电量＝（分表总本次示数－分表总上次示数）×倍率$$

3）计算分表的扣减电量。

a. 主分表扣减计算：主表分时，分表不分时，则分表电量要模拟峰、平、谷各时段进行分摊。

b. 若分表为定量，则计算方法为定量电量＝定量值×抄表周期。

● 抄表周期：完整的抄表周期计算定量时取值1。

● 分次计算：若用电客户在发生分次计算时，定量的值必须计算到天。

● 定量电量＝定量值×运行天数/30

其中，运行天数是指上次计算日至本次计算日的天数差。

● 定量变更：因用电客户变更用电引起的定量变更，定量的值须分段计算到日。

c. 当分表的分摊计算：主表各时段电量分别扣减分表（模拟）各时段电量，则

$$分表峰电量＝分表抄见电量×6/24$$
$$分表平电量＝分表抄见电量×10/24$$
$$分表谷电量＝分表抄见电量×8/24$$

4）计算剩余抄见电量：剩余抄见电量＝总表各时段电量－分表各时段电量。

5）线损计算：线损电量由线路产权所有者承担，一般按协定线损系数（％）计算。

a. 线损分有功线损和无功线损。

$$有功线损电量＝（有功总抄见电量＋总有功变损）×有功线损系数$$
$$无功线损电量＝（无功总抄见电量＋总无功变损）×无功线损系数$$

若客户的计量方式是高供高计，则式中的总有功变损、总无功变损都为零。

b. 线损的分摊原则：变压器有功损耗按各时段（峰6/24，平10/24，谷8/24）的比例进行分摊，则

$$有功峰段线损分摊电量＝有功线损电量×6/24$$
$$有功平段线损分摊电量＝有功线损电量×10/24$$
$$有功谷段线损分摊电量＝有功线损电量×8/24$$

6）计算结算电量：各时段结算电量＝总表各时段电量－分表分摊后时段电量＋线损分摊电量。

7）目录电度电费计算：目录电度电费计算是依据用电客户的结算电量及该部分电量所对应的目录电度电价执行标准计算出来的电费，其中不含代征电费。

计算目录电费：根据题意选择正确电价类别。

$$目录电费＝各时段结算电量×各时段目录电价$$

其中
$$平电价＝基础目录电价$$
$$峰电价＝基础目录电价×180\%$$

$$谷电价=基础目录电价×48\%$$

8）代征电费计算。

$$代征电费=各分类结算电量×代征综合单价$$

9）按容量计算基本电费：一般情况下，基本电费＝变压器容量×基本电价（容量价）

a. 按变压器容量计算基本电费的方式，需要先确定计费容量。计费容量是在计算基本电费时，参与计算的用电客户受电设备的容量值。

b. 计费容量一般情况下等于受电变压器总容量。

注意：抄见最大需量大于计费点受电变压器总容量时，超过部分按基本电费标准的两倍收取。

c. 若用电变更后容量发生改变的，计算公式如下。

基本电费＝［原运行容量×变更前变压器实际运行天数］/30×基本电价＋［变更后运行容量×变更后变压器实际运行天数］/30×基本电价

d. 凡不通过专用变压器接用的高压电动机（kW 视同 kVA）也应计算基本电费。

e. 减容期满后的用户以及新装、增容用户，两年内不得申办减容或暂停。如确需继续办理减容或暂停的，减少或暂停部分容量的基本电费应按 50％计算收取。

f. 暂停期满或每一日历年内累计暂停用电时间超过六个月者，不论用户是否申请恢复用电，供电企业须从期满之日起，按合同约定的容量计收其基本电费。

g. 在暂停期限内，用户申请恢复暂停用电容量用电时，须在预定恢复日前五天向供电企业提出申请。暂停时间少于十五天者，暂停期间基本电费照收。

h. 基本电费以月计算，但新装、增容、变更与终止用电当月的基本电费，按实用天数计算，每日为全月基本电费的 1/30；事故停电、检修停电、计划限电不扣减基本电费。

10）计算功率因数调整电费

a. 计算 $\tan\varphi$ 值。

$$\tan\varphi 比值=无功总电量/有功总电量$$
$$无功总电量=无功总抄见电量＋无功变损电量＋无功线损电量$$
$$有功总电量=有功总抄见电量＋有功变损电量＋有功线损电量$$

b. 通过 $\tan\varphi$ 比值，查《功率因数调整电费比例对照表》得出对应的实际功率因数。

c. 核对该用户功率因数标准，根据实际功率因数，查找对应的功率因数调整电费增减率（%）。

d. 计算两部制电价功率因数调整电费公式如下。

功率因数调整电费＝参与调整电费×功率因数调整电费增减率（%）

参与调整电费＝基本电费＋大工业峰、谷、平各时段目录电费总和

11）计算合计电费：总电费＝结算电度电费＋基本电费＋功率因数调整电费＋代征电费。

（2）要求。

1）现场工作服，着装整洁，准考证、身份证齐全。

2）按时独立完成。

3）依据题意，电价选择正确，计算正确，错误数据使用划红线更正法进行更正。

（3）范例。

某大工业用户，高压 10kV 供电，受电变压器 S9 型，容量为 500kVA，计量方式为高供高计。该客户执行分时电价，合同约定按变压器容量计收基本电费，抄表例日为每月 17 日，按总表电量加收 2.5% 的有功线损电量，2 级定量分表为非居民照明用电，定量值 500kWh，2013 年 7 月 5 日由于用户用电需要经过协商将 2级定量变更为 800kWh。请根据按正常例日抄回的 2013 年 7 月的相关信息，计算并审核该户 7 月电量电费。抄表数据见表 CH203－1，电价表（节选）见表 CH203－2。

表 CH203－1　　　　　　　　　　抄 表 数 据

		示数类型	起码	止码	综合倍率	抄见电量
变更前抄见电量	总表 000830	总	60	120	600	
		峰	12	30	600	
		平	28	50	600	
		谷	20	40	600	
		无功	20	40	600	
	分表（定量 500）	有功				
变更后抄见电量	总表 000830	总	120	200	600	
		峰	30	50	600	
		平	50	80	600	
		谷	40	70	600	
		无功	40	60	600	
	分表（定量 800）	有功				

电价表（节选） 单位：元

用电类别		电度电价	农网低压维护费	大中型水库移民后期扶持资金	地方水库移民后期扶持资金	可再生能源	农网改造还贷基金	城镇附加	销售电价
大工业用电	1～10kV	0.5722	0.0188	0.0083	0.0005	0.015	0.02	0.01	0.6448
一般工商业及其他用电	1～10kV	0.8874	0.0188	0.0083	0.0005	0.015	0.02	0.013	0.9630
城镇居民	1～10kV	0.4994	0.0188	0.0083	0.0005	0.001	0.02	0.015	0.5630

基本电价：需量为 42 元/kW/月；容量为 28 元/kVA/月

解：因定量分表做变更业务，需要按实际运行天数和电量做分时段计算（变更前使用 18 天，变更后使用 12 天）。变更前后计量点电量见表 CH203 - 3 和表 CH203 - 4，目录电费明细见表 CH203 - 5，基本电费明细见表 CH203 - 6，功率因数调整电费明细见表 CH203 - 7，汇总电量电费明细见表 CH203 - 8。

表 CH203 - 3   **计量点电量（变更前）**   线损值：2.50%   单位：kWh

变更前	示数类型	本次抄见电量	扣除分表有功	剩余抄见电量	线损分摊	结算电量
总表 000830	有功（总）	36 000	300	35 700	900	36 600
	有功（峰）	10 800	75	10 725	225	10 950
	有功（平）	13 200	125	13 075	375	13450
	有功（谷）	12 000	100	11 900	300	12 200
	无功（总）	12 000		12 000	0	12 000
分表定量 500	有功（总）	300		0	300	

表 CH203 - 4   **计量点电量（变更后）**   线损值：2.50%   单位：kWh

变更后	示数类型	本次抄见电量	扣除分表有功	剩余抄见电量	线损分摊	结算电量
总表 000830	有功（总）	48 000	320	47 680	1200	48 880
	有功（峰）	12 000	80	11 920	300	12220
	有功（平）	18 000	133	17 867	500	18 367
	有功（谷）	18 000	107	17 893	400	18 293
	无功（总）	12 000		12 000	0	12 000
分表定量 800	有功（总）	320			0	320

表 CH203 - 5 目 录 电 费 明 细 单位：元

目录电价简称	时段	有功结算电量	目录电度电价	目录电度电费	代征电价合计	代征电费
大工业，10kV	峰	23170	1.02996	23864.17	0.0726	1682.14
大工业，10kV	平	31817	0.5722	18205.69	0.0726	2309.91
大工业，10kV	谷	30493	0.274656	8375.09	0.0726	2213.79
非居民照明，10kV	平	620	0.8874	550.19	0.0756	46.87

表 CH203 - 6 基 本 电 费 明 细 单位：元

基本电费分类	基费计费量值	基本电价	基本电费金额
按需量	0	42	
按容量	500	28	14 000

表 CH203 - 7 功率因数调整电费明细 单位：元，kWh·kvar

功率因数标准			0.90			
目录电价简称	参与调整电费	调整系数	功率因数调整电费	有功电量	无功电量	实际功率因数
大工业，10kV	64 444.95	−0.0075	−483.34	86100	24 000	0.96

表 CH203 - 8 汇 总 电 量 电 费 明 细 单位：元

汇总电量电费		其中			
合计电量	合计电费	目录电度电费	代征电费	功率因数调整电费	基本电费金额
86 100	70 764.51	50 995.14	6252.71	−483.34	14 000

二、考核

1. 考核场地

(1) 每个工位场地面积 2000mm×2000mm，可容纳 4 个工位同时操作。

(2) 每个工位配有考生书写桌椅。

(3) 设置 4 套评判桌椅和计时秒表。

2. 考核要点

(1) 认真审题，在 SG186 营销系统中正确审核电量电费。

(2) 判断用户电价类别，如分时电价、各种用电性质的电价类别是否正确。

(3) 对业务变更用户电量电费分时段计费正确。

（4）核对用户电量电费，如结算电量、电度电费、基本电费、功率因数电费调整电费、代征电费，合计电费等。

（5）重点审核分表变更后电量电费计算是否正确。

（6）对发现的电量电费错误进行退补，在纸质卷子上列出退补过程和计算结果，并在 SG186 营销系统中发起退补流程。

（7）安全文明生产、按时独立完成。

3. 考核时间

（1）考核时间为 60min。

（2）许可答题时开始计时，到时停止操作。

三、评分参考标准

行业：电力工程　　　　　　　工种：抄表核算收费工　　　　　　　等级：二

编号	CH203	行为领域	e	鉴定范围	
考核时间	60min	题型	A	含权题分	50
试题名称	两部制电价客户按容量分表变更（含线损）的电费核算				
考核要点及其要求	（1）认真审题，在 SG186 营销系统中正确审核电量电费。 （2）判断用户电价类别，如分时电价、各种用电性质的电价类别是否正确。 （3）对业务变更用户电量电费分时计费正确。 （4）核对用户电量电费，如结算电量、电度电费、基本电费、功率因数电费调整电费、代征电费，合计电费等。 （5）重点审核分表变更后电量电费计算是否正确。 （6）对发现的电量电费错误进行退补，在纸质卷子上列出退补过程和计算结果，并在 SG186 营销系统中发起退补流程。 （7）安全文明生产、按时独立完成				
现场设备、工具、材料	（1）工器具：碳素笔（红、蓝或黑笔）、计算器，SG186 营销系统。 （2）材料：答题试卷、电价表、功率因数电费调整率表、变压器损耗电量查对表、白纸。 （3）桌椅 1 套/工位				
备注	对核算异常可任意选择三组进行考核				

评分标准

序号	作业名称	质量要求	分值	扣分标准	扣分原因	得分
1	电量电费的计算与审核	正确执行电价政策	30	未发现错误一处扣 5 分		
2		正确完整书写计算过程和退补结果	40	（1）无计算过程扣 10 分，每错一处扣 5 分。 （2）退补结果错误扣 5 分		

序号	作业名称	质量要求	分值	扣分标准	扣分原因	得分
				评分标准		
3	电量电费的计算与审核	退补流程完整	20	（1）未发起退补流程扣5分。 （2）退补方式选择错误扣5分。 （3）退补方案错误扣10分		
4		正确应用划红线更正法	5	有错、未使用划红线更正法扣5分		
5	安全文明生产	文明作业，独立完成	5	违规操作或发生不安全生产扣5分		
考试开始时间			考试结束时间		合计	
考生栏	编号：	姓名：	所在岗位：	单位：	日期：	
考评员栏	成绩：	考评员：		考评组长：		

一、操作

1. 工器具、材料、设备

（1）工器具：碳素笔（红、蓝或黑笔）、计算器，SG186营销系统。

（2）材料：工作证件、业务工作单、电价表、功率因数电费调整率表、变压器损耗电量查对表。

（3）设备：计算机1台/工位。

2. 注意事项

注意带电设备的安全操作。

3. 步骤与要求

（1）步骤。

1）根据分配的核算工号和密码，登录SG186营销业务模拟系统。

2）在SG186营销业务模拟系统内，根据现行电价政策，对抄表段客户进行电量电费核算。

3）抄表段客户共计10户，包含居民、非居民、商业、农业生产及贫困县农业排灌、普通工业、非工业、大工业等用电类别。

4）对计费错误的用户，在纸质卷子上列出计算过程和退补结果并完成退补电费处理流程。

5）确定退补电费方案时，根据要求选择出账方式并发行。

6）用户档案错误不需要进行更正处理，无需拆分工单。

7）统计应收日报。

（2）要求。

1）在SG186营销业务模拟系统内，完成核算相关流程。

2）认真核算每一户的电量电费。

3）对计费异常用户，在SG186营销业务模拟系统内完成电费退补流程。

二、考核

1. 考核场地

（1）每组操作面积不小于 2000mm×2000mm，场地面积能同时容纳 4 组计算机。

（2）每个工位配有考生书写桌椅。

（3）设置 4 套评判桌椅和计时秒表。

2. 考核要点

（1）在 SG186 营销系统中正确审核电量电费。

（2）审核各类用户电量电费是否正确，如分时电价、功率因数电费调整、基本电费、变损电量等是否计算正确。

（3）对计费异常用户进行判断并按要求处理。

（4）安全文明生产。

3. 考核时间

（1）考核时间为 60min。

（2）考核前准备工作不计入考核总时间内。

（3）许可开工后开始计时，到时停止操作。

三、评分参考标准

行业：电力工程　　　　　　　　工种：抄表核算收费工　　　　　　　　等级：二

编号	CH204	行为领域	e	鉴定范围	
考核时间	60min	题型	A	含权题分	50
试题名称	抄表段客户电量电费核算				
考核要点及其要求	（1）在 SG186 营销系统中正确审核电量电费。 （2）审核各类用户电量电费是否正确，如分时电价、功率因数电费调整、基本电费、变损电量等是否计算正确。 （3）对计费异常用户进行判断并按要求处理。 （4）安全文明生产				
现场设备、工具、材料	（1）工器具：碳素笔（红、蓝或黑笔）、计算器、SG186 营销业务模拟系统。 （2）材料：工作证件、业务工作单、电价表、功率因数电费调整率表、变压器损耗电量查对表。 （3）设备：计算机 1 台/工位				
备注	对核算异常可任意选择三组进行考核				

	评分标准					
序号	作业名称	质量要求	分值	扣分标准	扣分原因	得分
1	电量电费的计算与审核	正确执行电价政策	30	未发现错误一处扣5分		
2		正确完整书写计算过程和退补结果	40	（1）无计算过程扣10分，每错一处扣5分。 （2）退补结果错误扣5分		
3		退补流程完整	20	（1）未发起退补流程扣5分。 （2）退补方式选择错误扣5分。 （3）退补方案错误扣10分		
4		正确应用划红线更正法	5	有错、未使用划红线更正法扣5分		
5	安全文明生产	文明作业，独立完成	5	违规操作或发生不安全生产扣5分		
考试开始时间				考试结束时间		合计
考生栏		编号： 姓名：		所在岗位： 单位：		日期：
考评员栏		成绩： 考评员：			考评组长：	

一、操作

1. 工器具、材料、设备

（1）工器具：碳素笔（红、蓝或黑笔）、计算器、SG186 营销系统。

（2）材料：答题试卷、电价表、功率因数调整电费比例对照表、变压器损耗电量查对表、白纸。

（3）设备：桌椅 1 套/工位。

2. 注意事项

（1）考前出示证件，遵守考场规定。

（2）着装整洁，准考证、身份证齐全。

（3）按时独立完成。

3. 步骤与要求

（1）步骤。

1）根据给定条件：正确选择该户电价类别，判断是否执行分时，根据不同性质判断应执行的功率因数标准，计算电量和电费。

2）确定暂停用户当月实际使用天数：其中根据营业供电规则，用电客户暂停用电，根据用电客户实际用电天数（日用电不足 24 小时的，按一天计算）计算基本电费，每日按月基本电费的 1/30 计算。

3）抄见电量计算：根据抄见用电客户电能表的示数、表位数和综合倍率等计算出各时段抄见电量。

抄见电量＝（本次示数－上月示数）×倍率＝本次抄见电量

计算总、峰、平、谷、无功抄见电量公式如下。

有功总抄见电量＝（有功总本次示数－有功总上次示数）×倍率

有功峰抄见电量＝（有功峰本次示数－有功峰上次示数）×倍率

有功谷抄见电量＝（有功谷本次示数－有功谷上次示数）×倍率

有功平抄见电量＝有功总抄见电量－有功峰抄见电量－有功平抄见电量

$$无功总抄见电量=(无功总本次示数-无功总上次示数)\times 倍率$$

$$分表电量=(分表总本次示数-分表总上次示数)\times 倍率$$

4）计算分表的扣减电量：主分表扣减计算，主表分时，分表不分时，则分表电量要模拟峰、平、谷各时段进行分摊

主表各时段电量分别扣减分表（模拟）各时段电量，则

$$分表峰电量=分表抄见电量\times 6/24$$

$$分表平电量=分表抄见电量\times 10/24$$

$$分表谷电量=分表抄见电量\times 8/24$$

5）计算剩余抄见电量：剩余抄见电量=总表各时段-分表各时段电量。

6）根据用电客户结算周期内分时段抄见电量对应的各时段最大理论用电量，低谷抄见电量超过最大理论值的部分电量应按平段电价计算电费。

各时段最大理论用电量计算公式如下。

$$受电变压器总容量（kVA）\times 结算周期天数\times 对应时段小时数$$

其中，高峰、平段、低谷时段小时数分别为 6、10、8h。

7）计算有功线损电量、无功线损电量：按合同约定线损值，计算线损电量如下式

$$计算线损电量=主表总抄见电量\times 线损协定值$$

线损的分摊原则：变压器有功损耗按各时段（峰 6/24，平 10/24，谷 8/24）的比例进行分摊。

8）计算退补电量：退补电量指其他未经计量装置记录的电量或按其他规定需要退补的电量。根据题意计算各时段是否超过理论最大值，若超过理论值需做相关退补。

9）计算结算电量：结算电量=总表各时段电量-分表分摊后电量+线损分摊电量+退补电量。

10）目录电度电费计算：目录电度电费计算是依据用电客户的结算电量及该部分电量所对应的目录电度电价执行标准计算出来的电费，其中不含代征电费。

计算目录电费：根据题意选择正确电价类别。

$$目录电费=各时段结算电量\times 各时段目录电价$$

其中

$$平电价=基础目录电价$$

$$峰电价=基础目录电价\times 180\%$$

$$谷电价=基础目录电价\times 48\%$$

11）代征电费计算。

$$代征电费=各分类结算电量\times 代征综合单价$$

12) 按容量计算基本电费：一般情况下，基本电费＝变压器容量×基本电价（容量价）。

a. 按变压器容量计算基本电费的方式，需要先确定计费容量。计费容量是在计算基本电费时，参与计算的用电客户受电设备的容量值。

基本电费以月计算，但新装、增容、变更与终止用电当月的基本电费，按实用天数计算，每日为全月基本电费的 1/30；事故停电、检修停电、计划限电不扣减基本电费。

b. 计费容量一般情况下等于受电变压器总容量。

注意：抄见最大需量大于计费点受电变压器总容量时，超过部分按基本电费标准的两倍收取。

13) 计算功率因数调整电费。

a. 计算 $\tan\varphi$ 值。

$$\tan\varphi \text{ 比值} ＝ \text{无功总电量} / \text{有功总电量}$$

$$\text{无功总电量} ＝ \text{无功总抄见电量} ＋ \text{无功变损电量} ＋ \text{无功线损电量}$$

$$\text{有功总电量} ＝ \text{有功总抄见电量} ＋ \text{有功变损电量} ＋ \text{有功线损电量}$$

b. 通过 $\tan\varphi$ 比值，查《功率因数调整电费比例对照表》得出对应的实际功率因数。

c. 核对该用户功率因数标准，根据实际功率因数，查找对应的功率因数调整电费增减率％。

d. 计算功率因数调整电费公式如下。

$$\text{两部制电价功率因数调整电费} ＝ （\text{基本电费} ＋ \text{目录电度电费}）×$$
$$\text{功率因数调整电费增减率（％）}$$

$$\text{参与调整电费} ＝ \text{基本电费} ＋ \text{大工业峰、谷、平各时段目录电费总和}$$

14) 计算合计电费：总电费＝结算电度电费＋基本电费＋功率因数调整电费＋代征电费。

（2）要求。

1) 现场工作服，着装整洁，准考证、身份证齐全。

2) 按时独立完成。

3) 依据题意，判断电价选择正确，电量电费计算是否正确，错误数据使用划红线更正法在试卷上进行更正。

（3）范例。

某大工业用户，高压 110kV 供电，受电容量 4000kVA 型号为 S9 型变压器 2台，计量方式为高供高计。该客户执行分时电价，合同约定按变压器容量计收基本电费，抄表例日为每月 22 日，2 级分表有 2 块，分别为 10kV 非居民照明计费表和 10kV 居民生活照明计费表，该用户因生产原因申请办理暂停，暂停容量为 8000kVA，时间为 2014 年 3 月 10 日至 2014 年 4 月 9 日，为期 30 天。请根据抄表员 2014 年 3 月 22 日抄回的相关信息，审核该户 2014 年 3 月电量电费，对错误计算应发起退补电费流程。抄表数据见表 CH205 - 1，对应变压器容量为 8000kVA，对应电压等级 110kV 电价表（节选）见表 CH205 - 2。

表 CH205 - 1 　　　　　　　　　抄　表　数　据

计量点	出厂编号	示数类型	上次示数	本次示数	综合倍率	本次电量
总表	777	有功（总）	10 710.85	11 020.96	9900	
		有功（峰）	1155.69	1177.99	9900	
		有功（平）	4535.12	4636.89	9900	
		有功（谷）	5020.04	5206.08	9900	
		无功（总）	3866.96	3963.41	9900	
		最大需量	0	0.404	9900	
居民分表 1	74 321	有功（总）	3529.89	3731.17	100	
非居民分表 2	85955	有功（总）	4563.81	5002.24	120	

表 CH205 - 2 　　　　　　　　　电价表（节选）　　　　　　　　单位：元

用电类别		电度电价	农网低压维护费	大中型水库移民后期扶持资金	地方水库移民后期扶持资金	可再生能源	农网改造还贷基金	城镇附加	销售电价
大工业用电	110kV	0.5322	0.0188	0.0083	0.0005	0.015	0.02	0.01	0.6048
一般工商业及其他用电	35～110kV	0.8674	0.0188	0.0083	0.0005	0.015	0.02	0.013	0.9430
城镇居民	35～110kV	0.4994	0.0188	0.0083	0.0005	0.001	0.02	0.015	0.5630

　　基本电价：需量为 42 元/kW/月；容量为 28 元/kVA/月。

　　解：计量点电量见表 CH205 - 3，目录电费明细见表 CH205 - 4，基本电费明细见表 CH205 - 5，功率因数调整电费明细见表 CH205 - 6，汇总电量电费明细见表 CH205 - 7。

表 CH205 - 3 　　　　　　　　　　计 量 点 电 量 　　　　　　　　　　单位：kWh

计量点表号	示数类型	本次抄见电量	扣除分表有功	退补电量	线损分摊	结算电量
000777	有功（总）	3 070 089	72 740			2 997 349
	有功（峰）	220 770	18 185			202 585
	有功（平）	1 007 523	30 308	817 796		1 795 011
	有功（谷）	1 841 796	24 247	−817 796		999 753
	无功（总）	954 855				954 855
分表 074321	居民有功（总）	20 128				20 128
分表 085955	非居民有功（总）	52 612			52 612	
备注	该户时间使用 16 天					

表 CH205 - 4 　　　　　　　　　　目 录 电 费 明 细 　　　　　　　　　　单位：元

目录电价简称	时段	有功结算电量	目录电度电价	目录电度电费	代征电价合计	代征电费
大工业 110kV	峰	202 585	0.957 96	194 068.33	0.0726	14 707.67
	平	1 795 011	0.5322	955 304.85	0.0726	130 317.80
	谷	999 753	0.255 456	255 392.9	0.0726	72 582.07
居民照明 10kV	平	20 128	0.5214	10 494.74	0.0636	1280.14
非居民 10kV	平	52 612	0.8874	46 687.89	0.0756	3977.47

表 CH205 - 5 　　　　　　　　　　基 本 电 费 明 细 　　　　　　　　　　单位：元

基本电费分类	基费计费量值	基本电价	基本电费金额
按需量	0	42	
按容量	4266.67	28	119 466.76

表 CH205 - 6 　　　　　　　　　　功率因数调整电费明细

功率因数标准			0.9			
目录电价简称		参与调整电费	调整系数	功率因数调整电费	有功电量	无功电量	实际功率因数
大工业	110kV	1 524 232.84	−0.0075	−11 431.75	3 070 089	954 855	0.95

表 CH205 - 7 　　　　　　　　　　汇总电量电费明细 　　　　　　　　　　单位：元

汇总电量电费		其中		
合计电量	合计电费	目录电度电费	代征电费	功率因数调整电费
3 070 089	1 792 848.87	1 461 948.71	222 865.15	−11 431.75

二、考核

1. 考核场地

(1) 每个工位场地面积 2000mm×2000mm，可容纳 4 个工位同时操作。

(2) 每个工位配有考生书写桌椅。

(3) 设置 4 套评判桌椅和计时秒表。

2. 考核要点

(1) 认真审题，对有业务变更用户其计算变更天数应正确、业务依据应正确。

(2) 判断用户电价类别是否正确，如分时电价、各种用电性质的电价类别是否正确。

(3) 对暂停变更用户进行分析，正确处理超容时段电量的退补。

(4) 核对用户电量电费，如结算电量、电度电费、基本电费、功率因数电费调整电费、代征电费，合计电费等。

(5) 对分时电价错误或基本电费错误进行退补，在纸质卷子上列出正确算费过程及退补结果，并在 SG186 营销系统中发起退补流程。

(6) 安全文明生产、按时独立完成。

3. 考核时间

(1) 考核时间为 60min。

(2) 许可答题时开始计时，到时停止操作。

三、评分参考标准

行业：电力工程　　　　　　工种：抄表核算收费工　　　　　　等级：二

编号	CH205	行为领域	e	鉴定范围	
考核时间	60min	题型	A	含权题分	50
试题名称	两部制电价客户（暂停）按容量计收电费核算				
考核要点及其要求	(1) 认真审题，对有业务变更用户其计算变更天数应正确、业务依据应正确。 (2) 判断用户电价类别是否正确，如分时电价、各种用电性质的电价类别是否正确。 (3) 对暂停变更用户进行分析，正确处理超容时段电量的退补。 (4) 核对用户电量电费，如结算电量、电度电费、基本电费、功率因数电费调整电费、代征电费，合计电费等。 (5) 对分时电价错误或基本电费错误进行退补，在纸质卷子上列出正确算费过程及退补结果，并在 SG186 营销系统中发起退补流程。 (6) 安全文明生产、按时独立完成				
现场设备、工具、材料	(1) 工器具：碳素笔（红、蓝或黑笔）、计算器，SG186 营销系统。 (2) 材料：答题试卷、电价表、功率因数调整电费比照表、变压器损耗电量查对表、白纸。 (3) 设备：桌椅 1 套/工位				
备注	该户有暂停变更，注意分时段计费				

评分标准						
序号	作业名称	质量要求	分值	扣分标准	扣分原因	得分
1	电量电费的计算与审核	正确执行电价政策	30	未发现错误一处扣 5 分		
2		正确完整书写计算过程和退补结果	40	（1）无计算过程扣 10 分，每错一处扣 5 分。 （2）退补结果错误扣 5 分		
3		退补流程完整	20	（1）未发起退补流程扣 5 分。 （2）退补方式选择错误扣 5 分。 （3）退补方案错误扣 10 分		
4		正确应用划红线更正法	5	有错、未使用划红线更正法扣 5 分		
5	安全文明生产	文明作业，独立完成	5	违规操作或发生不安全生产扣 5 分		
考试开始时间			考试结束时间		合计	

考生栏　编号：　　姓名：　　　所在岗位：　　　单位：　　日期：

考评员栏　成绩：　　考评员：　　　　　考评组长：

一、操作

1. 工器具、材料、设备

（1）工器具：碳素笔（红、蓝或黑笔）、计算器，SG186 营销系统。

（2）材料：答题试卷、电价表、功率因数调整电费比例对照表、变压器损耗电量查对表、白纸。

（3）设备：桌椅 1 套/工位。

2. 注意事项

（1）考前出示证件，遵守考场规定。

（2）着装整洁，准考证、身份证齐全。

（3）按时独立完成。

3. 步骤与要求

（1）步骤。

1）根据给定条件结合现行电价政策，用电客户的供用电合同，在 SG186 营销系统中审核电量电费是否正确。

2）审核抄见电量：

抄见电量＝（本次示数－上月示数）×倍率＝本次抄见电量

计算总、峰、平、谷、无功抄见电量公式如下。

有功总抄见电量＝（有功总本次示数－有功总上次示数）×倍率

有功峰抄见电量＝（有功峰本次示数－有功峰上次示数）×倍率

有功谷抄见电量＝（有功谷本次示数－有功谷上次示数）×倍率

有功平抄见电量＝有功总抄见电量－有功峰抄见电量－有功平抄见电量

无功总抄见电量＝（无功总本次示数－无功总上次示数）×倍率

分表电量＝（分表总本次示数－分表总上次示数）×倍率

3）计算分表的扣减电量。

主分表扣减计算：主表分时，分表不分时，则分表电量要模拟峰、平、谷各时段进行分摊。

主表各时段电量分别扣减分表（模拟）各时段电量，则

$$分表峰电量＝分表抄见电量×6/24$$

$$分表平电量＝分表抄见电量×10/24$$

$$分表谷电量＝分表抄见电量×8/24$$

4）计算剩余抄见电量：剩余抄见电量＝总表各时段电量－分表各时段电量。

5）线损计算：线损电量由线路产权所有者承担，一般按协定线损系数（％）计算。

a. 线损分有功线损和无功线损。

有功线损电量＝（有功总抄见电量＋总有功变损）×有功线损系数

无功线损电量＝（无功总抄见电量＋总无功变损）×无功线损系数

若客户的计量方式是高供高计，则式中的总有功变损、总无功变损都为零。

b. 线损的分摊原则：变压器有功损耗按各时段（峰6/24，平10/24，谷8/24）的比例进行分摊，则

$$有功峰段线损分摊电量＝有功线损电量×6/24$$

$$有功平段线损分摊电量＝有功线损电量×10/24$$

$$有功谷段线损分摊电量＝有功线损电量×8/24$$

6）结算电量计算：各时段结算电量＝总表各时段电量－分表分摊后时段电量＋线损分摊电量。

7）目录电度电费计算：目录电度电费计算是依据用电客户的结算电量及该部分电量所对应的目录电度电价执行标准计算出来的电费，其中不含代征电费。

计算目录电费：根据题意选择正确电价类别。

$$目录电费＝各时段结算电量×各时段目录电价$$

其中

$$平电价＝基础目录电价$$

$$峰电价＝基础目录电价×180％$$

$$谷电价＝基础目录电价×48％$$

8）代征电费计算：代征电费＝各分类结算电量×代征综合单价

9）基本电费计算。

a. 按变压器容量计算基本电费的方式，需要先确定计费容量。计费容量是在计算基本电费时，参与计算的用电客户受电设备的容量值。

基本电费以月计算，但新装、增容、变更与终止用电当月的基本电费，按实

用天数计算，每日为全月基本电费的 1/30；事故停电、检修停电、计划限电不扣减基本电费。

b. 计费容量一般情况下等于受电变压器总容量。

注意：抄见最大需量大于计费点受电变压器总容量时，超过部分按基本电费标准的两倍收取。

c. 基本电费计算公式：基本电费＝变压器容量（运行容量）×基本电价标准（容量价/需量价）。

10）计算功率因数调整电费。

a. 计算 tanφ 值。

$$\text{tan}\varphi \text{ 比值}＝\text{无功总电量/有功总电量}$$

tanφ 无功总电量＝无功总抄见电量＋无功变损电量＋无功线损电量

tanφ 有功总电量＝有功总抄见电量＋有功变损电量＋有功线损电量

b. 通过 tanφ 比值，查《功率因数调整电费比例对照表》得出对应的实际功率因数。

c. 核对该用户功率因数标准，根据实际功率因数，查找对应的功率因数调整电费增减率（％）。

d. 计算两部制电价功率因数调整电费公式如下。

功率因数调整电费＝参与调整电费×功率因数调整电费增减率（％）

参与调整电费＝基本电费＋大工业峰、谷、平各时段目录电费总和

11）计算合计电费：总电费＝结算电度电费＋基本电费＋功率因数调整电费＋代征电费。

（2）要求。

1）现场工作服，着装整洁，准考证、身份证齐全。

2）按时独立完成。

3）依据题意，电价选择正确，计算正确，错误数据使用划红线更正法进行更正。

（3）范例。

某 10kV 大工业用户现有 500kVA 变压器一台，供电方式为高供高计，总表为大工业电价，按 1％电量加收线损，分表为非居民电价，合同约定基本电费按容量方式计费，该户 2014 年 1 月和 2 月抄见的总表需量值分别为 0.9332 和 0.938，请根据该户 2014 年 2 月的抄表数据计算并审核当月应收电量电费。抄表数据见表 CH206-1，电价表（节选）见表 CH206-2。

抄 表 数 据

计量点	出厂编号	示数类型	上次示数	本次示数	综合倍率	本次电量
总表	109072	有功（总）	6785.03	7106.35	600	
		有功（峰）	1722.79	1802.22	600	
		有功（谷）	2262.17	2347.26	600	
		有功（平）	2800.07	2956.87	600	
		无功（总）	2758	2892.06	600	
		最大需量	0	0.938	600	
分表	197943	有功（总）	3542.22	4342.22	1	

表 CH206 - 2 　　　　　　**电价表（节选）**

用电类别		电度电价	农网低压维护费	大中型水库移民后期扶持资金	地方水库移民后期扶持资金	可再生能源	农网改造还贷基金	城镇附加	销售电价
大工业用电	1～10kV	0.5722	0.0188	0.0083	0.0005	0.015	0.02	0.01	0.6448
一般工商业及其他用电	1～10kV	0.8874	0.0188	0.0083	0.0005	0.015	0.02	0.013	0.9630
城镇居民	1～10kV	0.4994	0.0188	0.0083	0.0005	0.001	0.02	0.015	0.5630

基本电价：需量为 42 元/kW/月；容量：28 元/kVA/月。

解：计量点电量见表 CH206 - 3，目录电费明细见表 CH206 - 4，基本电费明细见表 CH206 - 5，功率因数调整电费明细见表 CH206 - 6，汇总电量电费明细见表 CH206 - 7。

表 CH206 - 3 　　　　　　**计 量 点 电 量**　　　　　　单位：kWh

计量点表号	示数类型	本次抄见电量	扣除分表有功	剩余抄见电量	线损分摊	结算电量
109072	有功（总）	192 792	800	191 992	1928	193 920
	有功（峰）	47 658	200	47 458	482	47 940
	有功（谷）	51 054	267	50 787	643	51 430
	有功（平）	94 080	333	93 747	803	94 550
	无功（总）	80 436		80 436	804	81 240
	最大需量	562.8				
197 943	有功（总）	800			0	800

表 CH206 - 4   **目 录 电 费 明 细**   单位：元

目录电价简称		时段	有功结算电量	目录电度电价	目录电度电费	代征电价合计	代征电费
大工业	110kV	峰	47 940	1.029 96	49 376.28	0.0726	3480.44
		谷	51 430	0.274 656	14 125.56	0.0726	3733.82
		平	94 550	0.5722	54 101.51	0.0726	6864.33
非居民照明	10kV	平	800	0.8874	709.92	0.0756	60.48

表 CH206 - 5   **基 本 电 费 明 细**   单位：元

基本电费分类	基费计费量值	基本电价	基本电费金额
按需量	625.6	42	26 275.20
按容量			0

表 CH206 - 6   **功率因数调整电费明细**

功率因数标准				0.90		
目录电价简称		参与调整电费	调整系数	功率因数调整电费	有功电量	无功电量	实际功率因数
大工业	10kV	143 878.55	−0.003	−431.64	194 720	81 240	0.92

表 CH206 - 7   **汇总电量电费明细**   单位：元

汇总电量电费		其中			
合计电量	合计电费	目录电度电费	代征电费	功率因数调整电费	基本电费金额
194 720	158 295.90	118 313.27	14 139.07	−431.64	26 275.20

二、考核

1. 考核场地

（1）每个工位场地面积 2000mm×2000mm，可容纳 4 个工位同时操作。

（2）每个工位配有考生书写桌椅。

（3）设置 4 套评判桌椅和计时秒表。

2. 考核要点

（1）认真审题，在 SG186 系统中正确审核电量电费。

（2）判断用户电价类别是否正确，如分时电价、各种用电性质的电价类别是否正确。

（3）需量读数超容，按省经贸委、物价局关于加强变压器安全运行的规定，属严重超容其基本电费的计算方式改为按需量计费，且超容部分的容量应按两倍收取。

（4）核对用户电量电费，如结算电量、电度电费、基本电费、功率因数电费调整电费、代征电费，合计电费等。

（5）对基本电费错误、力调电费错误进行退补，在纸质卷子上列出正确计算过程和退补结果，并在 SG186 营销系统中发起退补流程。

（6）安全文明生产、按时独立完成。

3. 考核时间

（1）考核时间为 60min。

（2）许可答题时开始计时，到时停止操作。

三、评分参考标准

行业：电力工程　　　　　　　工种：抄表核算收费工　　　　　　　等级：二

编号	CH206	行为领域	e	鉴定范围	
考核时间	60min	题型	A	含权题分	50
试题名称	两部制电价客户（需量超容）含线损电量电费核算				
考核要点及其要求	（1）认真审题，在 SG186 系统中正确审核电量电费。 （2）判断用户电价类别是否正确，如分时电价、各种用电性质的电价类别是否正确。 （3）需量读数超容，按省经贸委、物价局关于加强变压器安全运行的规定，属严重超容其基本电费的计算方式改为按需量计费，且超容部分的容量应按两倍收取。 （4）核对用户电量电费，如结算电量、电度电费、基本电费、功率因数电费调整电费、代征电费，合计电费等。 （5）对基本电费错误、力调电费错误进行退补，在纸质卷子上列出正确计算过程和退补结果，并在 SG186 营销系统中发起退补流程。 （6）安全文明生产、按时独立完成				
现场设备、工具、材料	（1）工器具：碳素笔（红、蓝或黑笔）、计算器，SG186 营销系统。 （2）材料：答题试卷电价表、功率因数调整电费比照表、变压器损耗电量查对表、白纸。 （3）设备：桌椅 1 套/工位				
备注	需量超容应参照湖北省经贸委的文件规定执行				
评分标准					

序号	作业名称	质量要求	分值	扣分标准	扣分原因	得分
1	电量电费的计算与审核	正确执行电价政策	30	未发现错误一处扣 5 分		
2		正确完整书写计算过程和退补结果	40	（1）无计算过程扣 10 分，每错一处扣 5 分。 （2）退补结果错误扣 5 分		

评分标准						
序号	作业名称	质量要求	分值	扣分标准	扣分原因	得分
3	电量电费的计算与审核	退补流程完整	20	（1）未发起退补流程扣5分。 （2）退补方式选择错误扣5分。 （3）退补方案错误扣10分		
4		正确应用划红线更正法	5	有错、未使用划红线更正法扣5分		
5	安全文明生产	文明作业，独立完成	5	违规操作或发生不安全生产扣5分		
考试开始时间				考试结束时间		合计
考生栏	编号：	姓名：		所在岗位：	单位：	日期：
考评员栏	成绩：	考评员			考评组长：	

一、操作

1. 工器具、材料、设备

（1）工器具：碳素笔（红、蓝或黑笔）、计算器、SG186 营销系统。

（2）材料：答题试卷、电价表、功率因数调整电费比例对照表、变压器损耗电量查对表、白纸。

（3）设备：桌椅 1 套/工位。

2. 注意事项

（1）考前出示证件，遵守考场规定。

（2）着装整洁，准考证、身份证齐全。

（3）按时独立完成。

3. 步骤与要求

（1）步骤。

1）业务算费依据正确：根据《供电营业规则》第 14 条第 4 点，在计算转供户用电量、最大需量及功率因数调整电费时，应扣除被转供户、公用线路与变压器消耗的有功、无功电量。

2）主分表扣减顺序：主表下存在多个同级分表，主表扣减分表电量的扣减顺序为首先扣减被转供户的电量；其次扣减实抄分表电量；再次扣减定比定量电量。

3）转供关系的主分表扣减计算。

a. 主分表扣减之前需先把各分表的抄见电量计算完毕。若用电客户是转供户，则其被转供户统一视为分表参与电量计算。转供户转供出去的电量不参与其自身的电费结算，应从转供户中扣除。

b. 主表不分时，分表不分时，则剩余抄见电量＝主表抄见电量－被转供户电量。

4）目录电度电费计算：目录电度电费计算是依据用电客户的结算电量及该部分电量所对应的目录电度电价执行标准计算出来的电费，其中不含代征电费。

$$目录电费＝结算电量×目录电价$$

5）基本电费计算：基本电费＝[变压器容量（运行容量）－转供户按（周期）电量折算容量（或需量）值]×基本电价标准（容量价/需量价）。

6）计算功率因数调整电费。

a. 通过计算 $\tan\varphi$ 值，查出调整电费百分比值。算出 $\tan\varphi$ 比值＝无功总电量/有功总电量。

b. 核对该用户功率因数标准是否为 0.90，对比 $\tan\varphi$ 查找该户的实际功率因数。

c. 两部制功率因数调整电费＝参与调整电费×功率因数调整电费增减率（%）

d. 参与调整电费：参与调整电费＝大工业峰、谷、平各时段目录电费总和＋基本电费。

7）计算代征收电费。

$$代征收电费＝结算有功电量×代征收综合单价$$

8）计算合计电费：总电费＝结算电度电费＋基本电费＋功率因数调整电费＋代征电费。

（2）要求。

1）现场工作服，着装整洁，准考证、身份证齐全。

2）按时独立完成。

3）依据题意，电价选择正确，计算正确，错误数据使用划红线更正法进行更正。

（3）范例。

某 1～10kV 大工业用户现有 1000kVA 变压器一台，并由供电部门委托对某办公用户转供电，某月抄见大工业用户有功电量为 418 000kWh，无功电量为 300 000kvarh，某月该大工业用户最大需量表读数为 800kW，所转供办公用户总表有功抄见电量 18 000kWh，不考虑分时电费和转供户无功用电量，试求该大工业用户当月电费为多少？电价表（节选）见表 CH207。

表 CH207　　　　　　　　　　　　　　**电价表（节选）**　　　　　　　　　　单位：元

用电类别		电度电价	农网低压维护费	大中型水库移民后期扶持资金	地方水库移民后期扶持资金	可再生能源	农网改造还贷基金	城镇附加	销售电价
大工业用电	1～10kV	0.5722	0.0188	0.0083	0.0005	0.015	0.02	0.01	0.6448
一般工商业及其他用电	1～10kV	0.8874	0.0188	0.0083	0.0005	0.015	0.02	0.013	0.9630
城镇居民	1～10kV	0.4994	0.0188	0.0083	0.0005	0.001	0.02	0.015	0.5630

基本电价：需量为 42 元/kW/月；容量为 28 元/kVA/月。

解：1）根据《供电营业规则》第 14 条第 4 点，在计算转供户用电量、最大需量及功率因数调整电费时，应扣除被转供户、公用线路与变压器消耗的有功、无功电量。

该照明用户的最大需量。

$$18\ 000 \div 180 = 100\ (\text{kW})$$

则扣减转供户最大需量后被转供户的结算需量。

$$800 - 100 = 700\ (\text{kW})$$

该大工业用户当月的基本电费为。

$$(800 - 100) \times 42 = 29\ 400\ (\text{元})。$$

2）该大工业用户有功电量＝418 000－18 000＝400 000（kWh）

大工业用户电度电费＝400 000×0.5722＝228 880（元）

3）$\tan\varphi$＝总无功电量/总有功电量＝300 000/400 000＝0.75

大工业用户应执行力率标准为 0.9，查表得该大工业用户功率因数为 0.8，电费调整电费率应为 5%。

调整电费＝（29 400＋228 880）×5%＝258 280×5%＝12 914（元）

4）大工业总代征收电费。

大工业总代征收电费＝400 000×0.0726＝29 040（元）

5）大工业总结算电费。

$$29\ 400 + 228\ 880 + 12\ 914 + 29\ 040 = 300\ 234\ (\text{元})$$

答：该大工业用户当月电费为 300 234 元。

二、考核

1. 考核场地

(1) 每个工位场地面积 2000mm×2000mm，可容纳 4 个工位同时操作。

(2) 每个工位配有考生书写桌椅。

(3) 设置 4 套评判桌椅和计时秒表。

2. 考核要点

(1) 认真审题，在 SG186 营销系统中正确审核电量电费。

(2) 判断用户电价类别，审核电价政策执行是否正确。

(3) 重点审核含转供客户类型的两部制电价客户（按需量）电量电费计算是否正确。

(4) 对发现的电量电费错误进行退补，在纸质卷子上列出退补过程和计算结果，并在 SG186 营销系统中发起退补流程。

（5）安全文明生产、按时独立完成。

3. 考核时间

（1）考核时间为 60min。

（2）许可答题时开始计时，到时停止操作。

三、评分参考标准

行业：电力工程　　　　　　工种：抄表核算收费工　　　　　等级：二

编号	CH207	行为领域	e	鉴定范围	
考核时间	60min	题型	A	含权题分	50
试题名称	两部制电价客户按需量（含转供客户）电量电费核算				
考核要点及其要求	（1）认真审题，在 SG186 营销系统中正确审核电量电费。 （2）判断用户电价类别，审核电价政策执行是否正确。 （3）重点审核含转供客户类型的两部制电价客户（按需量）电量电费计算是否正确。 （4）对发现的电量电费错误进行退补，在纸质卷子上列出退补过程和计算结果，并在 SG186 营销系统中发起退补流程。 （5）安全文明生产、按时独立完成				
现场设备、工具、材料	（1）工器具：碳素笔（红、蓝或黑笔）、计算器。 （2）材料：答题试卷、电价表、功率因数电费调整率表、变压器损耗电量查对表、白纸。 （3）设备：桌椅 1 套/工位				
备注	对核算异常可任意选择三组进行考核				

评分标准							
序号	作业名称	质量要求	分值	扣分标准		扣分原因	得分
1	电量电费的计算与审核	正确执行电价政策	30	未发现错误一处扣 5 分			
2		正确完整书写计算过程和退补结果	40	（1）无计算过程扣 10 分，每错一处扣 5 分。 （2）退补结果错误扣 5 分			
3		退补流程完整	20	（1）未发起退补流程扣 5 分。 （2）退补方式 选择错误扣 5 分。 （3）退补方案错误扣 10 分			
4		正确应用划红线更正法	5	有错、未使用划红线更正法扣 5 分			
5	安全文明生产	文明作业，独立完成	5	违规操作或发生不安全生产扣 5 分			
考试开始时间				考试结束时间		合计	
考生栏		编号：	姓名：	所在岗位：	单位：		日期：
考评员栏		成绩：	考评员：		考评组长：		

一、操作

1. 工器具、材料、设备

（1）工器具：碳素笔（红、蓝或黑笔）、计算器、SG186 营销系统。

（2）材料：答题试卷、电价表、功率因数调整电费比例对照表、变压器损耗电量查对表、白纸。

（3）设备：桌椅 1 套/工位。

2. 注意事项

（1）考前出示证件，遵守考场规定。

（2）着装整洁，准考证、身份证齐全。

3. 步骤与要求

（1）步骤。

1）根据给定条件，结合现行电价政策，用电客户的供用电合同，在 SG186 营销系统中核算电量电费是否正确。

2）抄见电量计算：根据抄见用电客户电能表的示数、表位数和综合倍率等计算出各时段抄见电量。

$$抄见电量=（本次示数-上月示数）\times 倍率=本次抄见电量$$

计算总、峰、平、谷、无功抄见电量公式如下。

$$有功总抄见电量=（有功总本次示数-有功总上次示数）\times 倍率$$
$$有功峰抄见电量=（有功峰本次示数-有功峰上次示数）\times 倍率$$
$$有功谷抄见电量=（有功谷本次示数-有功谷上次示数）\times 倍率$$
$$有功平抄见电量=有功总抄见电量-有功峰抄见电量-有功平抄见电量$$
$$无功总抄见电量=（无功总本次示数-无功总上次示数）\times 倍率$$
$$分表电量=（分表总本次示数-分表总上次示数）\times 倍率$$

3）计算分表的扣减电量。

a. 主分表扣减计算：主表分时，分表不分时，则分表电量要模拟峰、平、谷各时段进行分摊。

　　b. 计算出给定分表电量。

$$计算分表电量合计值=分表1+分表2+分表3+分表4+……$$

　　主分表扣减计算：主表分时，分表不分时，则分表电量要模拟峰、平、谷各时段进行分摊。

　　主表各时段电量分别扣减分表（模拟）各时段电量，则

$$分表峰电量=分表抄见电量×6/24$$
$$分表平电量=分表抄见电量×10/24$$
$$分表谷电量=分表抄见电量×8/24$$

　　4）计算剩余抄见电量：剩余抄见电量=总表各时段电量-分表各时段电量。

　　5）计算有功线损电量、无功线损电量。按合同约定线损值，计算线损电量如下式：

$$计算线损电量=主表总抄见电量 × 线损协定值$$

　　线损的分摊原则：变压器有功损耗按各时段（峰 6/24，平 10/24，谷 8/24）的比例进行分摊。

　　6）计算结算电量：各时段结算电量=总表各时段电量-分表分摊后时段电量+线损分摊电量。

　　7）目录电度电费计算：目录电度电费计算是依据用电客户的结算电量及该部分电量所对应的目录电度电价执行标准计算出来的电费，其中不含代征电费。

　　a. 计算目录电费：根据题意选择正确电价类别。

$$目录电费=各时段结算电量×各时段目录电价$$

　　其中，平电价=基础目录电价

$$峰电价=基础目录电价×180\%$$
$$谷电价=基础目录电价×48\%$$

　　b. 用电高峰季节电价的范围、时间和标准。

　　● 高峰季节电价执行范围：除居民生活和农业排灌用电以外的所有用电均执行用电高峰季节电价。

　　● 高峰季节电价执行时间：每年 1 月和 12 月的抄见电量执行用电高峰季节电价。实行双月抄表结算方式的客户，抄见电量 1/2 执行用电高峰季节电价。

　　● 用电高峰季节电价标准：实行峰谷分时电价的用户，以对应的分时电价为基准，每千瓦时上浮 0.005 元。

　　c. 其中非普分表除政策规定特殊用户不执行分时以外，其他用户均需要按分时段计费。

　　8）代征电费计算。

代征电费＝各分类结算电量×代征综合电价

9）按需量计算基本电费：一般情况下，基本电费＝计费需量× 基本电价（需量价）。

a. 若用电客户为非特殊用户，按照湖北省要求算法计算需量基本电费方法如下。

● 当抄见需量小于核定值，按照核定值计算；通常情况核定值＝变压器容量×40%。

● 当抄见需量大于核定值但是小于核定值2.5倍，按照抄见需量计算。

● 当抄见需量大于核定值2.5倍，按照核定值×2.5＋（抄见需量－核定值×2.5)×2计算。

b. 基本电费以月计算，但新装、增容、变更与终止用电当月的基本电费，按实用天数计算，每日为全月基本电费的1/30；事故停电、检修停电、计划限电不扣减基本电费 。

c. 减容期满后的用户以及新装、增容用户，两年内不得申办减容或暂停。如确需继续办理减容或暂停的，基本电费应按照需量下限收取基本电费。

d. 对于影响基本电费计算的业务变更（如增容、减容、减容恢复、暂停、暂停恢复等），如计算方式发生变化，（如容量变需量或者需量变容量），变更前后分别按各自计算方式以实际使用天数进行计算。

10）计算功率因数调整电费

a. 计算 $\tan\varphi$ 值

$\tan\varphi$＝无功总电量/有功总电量

无功总电量＝无功总抄见电量＋无功变损电量＋无功线损电量

有功总电量＝有功总抄见电量＋有功变损电量＋有功线损电量

b. 通过 $\tan\varphi$ 值，查《功率因数调整电费比例对照表》得出对应的实际功率因数。

c. 核对该用户功率因数标准，根据实际功率因数，查找对应的功率因数调整电费增减率（%）。

d. 计算两部制电价功率因数调整电费公式如下。

功率因数调整电费＝参与调整电费×功率因数调整电费增减率（%）

参与调整电费＝基本电费＋大工业峰、谷、平各时段目录电费总和

11）计算合计电费：总电费＝结算电度电费＋基本电费＋功率因数调整电费＋代征电费。

（2）要求。

1）现场工作服，着装整洁，准考证、身份证齐全。

2）按时独立完成。

3）依据题意，电价选择正确，计算正确，错误数据使用划红线更正法进行更正。

（3）范例。

某110kV大工业用户现有50 000kVA变压器一台，供电方式为高供高计，根据供用电合同约定基本电费收取方式为按需量计费，其中分表因不具备安装条件，按不同定量标准执行，请根据此户2014年1月的抄表数据计算并审核当月应收电量电费。抄表数据见表CH208-1，对应变压器容量为50 000kVA，对应电压等级110kV，电价表（节选）见表CH208-2。

表CH208-1　　　　　　　　　抄　表　数　据

计量点	出厂编号	示数类型	上次示数	本次示数	综合倍率	本次电量
总表	764	有功（总）	5282.36	5393.6	132 000	
		有功（峰）	1316.91	1344.56	132 000	
		有功（平）	2182.74	2228.69	132 000	
		有功（谷）	1782.71	1820.35	132 000	
		无功（总）	1712.03	1754.33	132 000	
		最大需量	0	0.0143	132 000	
分表1	居民照明	定量 754 000			1	
分表2	非居民	定量 150 000			1	
分表3	非普工业	定量 2 100 000			1	
分表4	商业	定量 410 000			1	

表CH208-2　　　　　　　　　电价表（节选）

用电类别		电度电价	农网低压维护费	大中型水库移民后期扶持资金	地方水库移民后期扶持资金	可再生能源	农网改造还贷基金	城镇附加	销售电价
大工业用电	110kV	0.5322	0.0188	0.0083	0.0005	0.015	0.02	0.01	0.6048
一般工商业及其他用电	35～110kV	0.8674	0.0188	0.0083	0.0005	0.015	0.02	0.013	0.9430
城镇居民	35～110kV	0.4994	0.0188	0.0083	0.0005	0.001	0.02	0.015	0.5630
基本电价：需量：42元/kW/月；容量：28元/kVA/月									

解：计量点电量见表 CH208-3，目录电费明细见表 CH208-4，基本电费明细见表 CH208-5，功率因数调整电费明细见表 CH208-6，汇总电量电费明细见表 CH208-7。

表 CH208-3　　　　　　　　　计 量 点 电 量　　　　　　　　　单位：kWh

计量点表号	示数类型	本次抄见电量	扣除分表有功	剩余抄见电量	线损分摊	结算电量
000764	有功（总）	14 683 680	3 414 000	11 269 680	0	11 269 680
	有功（峰）	3 649 800	853 500	2 796 300	0	2 796 300
	有功（平）	6 065 400	1 422 500	4 642 900	0	4 642 900
	有功（谷）	4 968 480	1 138 000	3 830 480	0	3 830 480
	无功（总）	558 3600		5 583 600		5 583 600
	最大需量	1888				
分表1	居民照明	754 000			0	754 000
分表2	非居民	150 000			0	150 000
分表3	非普工业	2 100 000			0	2 100 000
分表4	商业	410 000			0	410 000
备注						

表 CH208-4　　　　　　　　　目 录 电 费 明 细　　　　　　　　　单位：元

目录电价简称	时段	有功结算电量	目录电度电价	目录电度电费	代征电价合计	代征电费
大工业	110kV 峰	2 796 300	0.962 96	2 692 725.05	0.0726	203 011.38
	110kV 平	4 642 900	0.5372	2 494 165.88	0.0726	337 074.54
	110kV 谷	3 830 480	0.260 456	997 671.5	0.0726	278 092.85
居民照明	110kV 平	754 000	0.5214	393 135.6	0.0636	47 954.4
非居民	110kV 平	150 000	0.8724	130 860	0.0756	11 340
非普工业	110kV 峰	525 000	1.566 32	822 318	0.0756	39 690
	110kV 平	875 000	0.8724	763 350	0.0756	66 150
	110kV 谷	700 000	0.421 352	294 946.4	0.0756	52 920
商业	110kV 平	410 000	0.8724	357 684	0.0756	30 996

表 CH208-5　　　　　　　　　基 本 电 费 明 细　　　　　　　　　单位：元

基本电费分类	基费计费量值	基本电价	基本电费金额
按需量	20 000	42	84 000
按容量		28	0

　　　　　　　　功率因数调整电费明细

功率因数标准	0.85（错）			0.90（更正）			
目录电价简称	参与调整电费	调整系数	功率因数调整电费	有功电量	无功电量	实际功率因数	
大工业　110kV	7 024 562.43	−0.0045	−31 610.53	14 683 680	5 583 600	0.93	

表 CH208-7　　　　　　　　汇总电量电费明细　　　　　　　　单位：元

汇总电量电费		其　　中			
合计电量	合计电费	目录电度电费	代征电费	功率因数调整电费	基本电费金额
14 683 680	10 822 475.07	8 946 856.43	1 067 229.17	−31 610.53	84 000

二、考核

1. 考核场地

（1）每个工位场地面积 2000mm×2000mm，可容纳 4 个工位同时操作。

（2）每个工位配有考生书写桌椅。

（3）设置 4 套评判桌椅和计时秒表。

2. 考核要点

（1）认真审题，在 SG186 营销系统中正确审核电量电费。

（2）判断用户电价类别正确，如分时电价、丰枯电价、各种用电性质的电价类别是否正确。

（3）核对用户电量电费，如结算电量、电度电费、基本电费、功率因数电费调整电费、代征电费，合计电费等。

（4）重点审核分时电价执行是否正确。

（5）对分时电价执行错误进行退补，在纸质卷子上列出正确算费过程和退补结果，并在 SG186 营销系统中发起退补流程。

（6）安全文明生产、按时独立完成。

3. 考核时间

（1）考核时间为 60min。

（2）许可答题时开始计时，到时停止操作。

三、评分参考标准

行业：电力工程　　　　　　　工种：抄表核算收费工　　　　　　　等级：二

编号	CH208	行为领域	e	鉴定范围	
考核时间	60min	题型	A	含权题分	50
试题名称	两部制电价客户按需量（丰枯季节）多电价电费核算				
考核要点及其要求	(1) 认真审题，在SG186营销系统中正确审核电量电费。 (2) 判断用户电价类别正确，如分时电价、丰枯电价、各种用电性质的电价类别是否正确。 (3) 核对用户电量电费，如结算电量、电度电费、基本电费、功率因数电费调整电费、代征电费，合计电费等。 (4) 重点审核分时电价执行是否正确。 (5) 对分时电价执行错误进行退补，在纸质卷子上列出正确算费过程和退补结果，并在SG186营销系统中发起退补流程。 (6) 安全文明生产、按时独立完成				
现场设备、工具、材料	(1) 工器具：碳素笔（红、蓝或黑笔）、计算器、SG186营销系统。 (2) 材料：答题试卷、电价表、功率因数电费调整率表、变压器损耗电量查对表、白纸。 (3) 设备：桌椅1套/工位				
备注	注意对丰枯季节电价的核算计费				

评分标准

序号	作业名称	质量要求	分值	扣分标准	扣分原因	得分
1	电量电费的计算与审核	正确执行电价政策	30	未发现错误一处扣5分		
2		正确完整书写计算过程和退补结果	40	(1) 无计算过程扣10分，每错一处扣5分。 (2) 退补结果错误扣5分		
3		退补流程完整	20	(1) 未发起退补流程扣5分。 (2) 退补方式选择错误扣5分。 (3) 退补方案错误扣10分		
4		正确应用划红线更正法	5	有错、未使用划红线更正法扣5分		
5	安全文明生产	文明作业，独立完成	5	违规操作或发生不安全生产扣5分		
考试开始时间			考试结束时间		合计	
考生栏	编号：　　姓名：		所在岗位：	单位：	日期：	
考评员栏	成绩：　　考评员：			考评组长：		

CH209　电能计量装置错误接线退补电量核算

一、操作

1. 工器具、材料、设备

（1）工器具：碳素笔（红、蓝或黑笔）、计算器、直尺。

（2）材料：答题试卷、电价表、白纸。

（3）设备：桌椅 1 套/工位。

2. 注意事项

（1）考前出示证件，遵守考场规定。

（2）着装整洁，准考证、身份证。

3. 步骤与要求

（1）步骤。

1）根据错误接线绘制错误接线图。

2）根据错误接线图绘制向量图。

3）列出错误接线功率表达式并计算。

4）列出正确接线功率表达式。

$$P = \sqrt{3}UI\cos\varphi$$

5）计算更正系数。

$$K_{\mathrm{P}} = P/P_0$$

6）计算更正率。

$$\varepsilon_{\mathrm{P}} = (K_{\mathrm{P}} - 1) \times 100\%$$

7）计算追补电量。

（2）要求。

1）正确绘制错误接线图。

2）正确绘制向量图。

3）公式正确。

4）计算步骤正确。

（3）范例。

某工业用电客户，装设三相二元件有功计量表，在一次检测中，发现其计量接线第一元件 $U_{AB}I_A$，第二元件 U_{CB}（$-I_C$），期间已用电量 56 830kWh，$\cos\varphi=0.866$，计算退补电量。

绘制错误接线图，如图 209-1 所示。

绘制相量图，如图 209-2 所示。

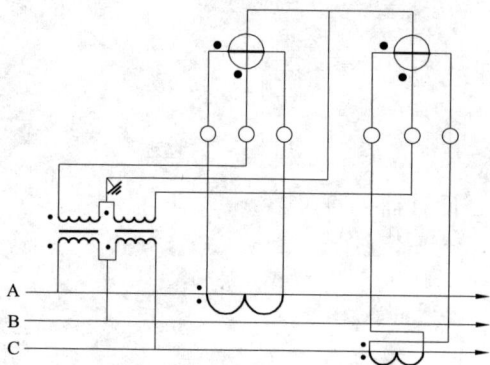

图 209-1　错误接线图

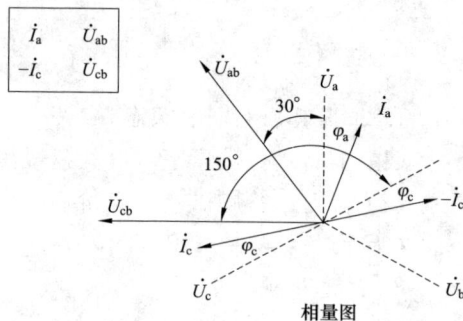

图 209-2　相量图

错误接线功率表达式并计算如下

$$P_0 = U_{ab}I_a\cos(30+\varphi)+U_{cb}I_c\cos(150+\varphi)$$
$$= U_{ab}I_a\cos30\cos\varphi-U_{ab}I_a\sin30\sin\varphi-$$
$$U_{cb}I_c\cos30\cos\varphi-U_{cb}I_c\sin30\sin\varphi$$
$$-2UI\sin30\sin\varphi=-UI\sin\varphi$$

正确接线功率表达式如下

$$P = \sqrt{3}UI\cos\varphi$$

根据题意

$$\cos\varphi=0.866，\varphi=30$$

更正系数为

$$K_p = P/P_0 = \frac{\sqrt{3}UI\cos\varphi}{-UI\sin\varphi}=-\sqrt{3}\cos\varphi$$
$$=-\sqrt{3}\cos30 =-\sqrt{3}\times\sqrt{3} =-3$$

计算更正率。

$$\varepsilon_P = (K_P-1)\times100\% = (-3-1)\times100\% =-400\%$$

计算追补电量。

$$追补电量＝56\ 830×（-400\%）＝227\ 320\ （kWh）$$

二、考核

1. 考核场地

(1) 每个工位场地面积 2000mm×2000mm，可容纳 4 个工位同时操作。

(2) 每个工位配有考生书写桌椅。

(3) 设置 4 套评判桌椅和计时秒表。

2. 考核要点

(1) 绘制错误接线图正确。

(2) 向量图绘制正确。

(3) 更正系数计算正确。

(4) 更正率计算正确。

3. 考核时间

(1) 考核时间为 20min。

(2) 许可答题时开始时间，到时停走操作。

三、评分参考标准

行业：电力工程　　　　　　工种：抄表核算收费工　　　　　　等级：二

编号	CH209	行为领域	e	鉴定范围	
考核时间	20min	题型	A	含权题分	20
试题名称	电能计量装置错误接线退补电量核算				
考核要点及其要求	(1) 绘制错误接线图正确。 (2) 向量图绘制正确。 (3) 错误接线公式正确。 (4) 更正系数计算正确				
现场设备、工具、材料	(1) 工器具：碳素笔（红、蓝或黑笔）、计算器、直尺。 (2) 材料：答题试卷、电价表、白纸。 (3) 设备：桌椅 1 套/工位				
备注					
评分标准					

序号	作业名称	质量要求	分值	扣分标准	扣分原因	得分
1	绘制接线图	正确绘制错误接线图	10	画图错误一处扣 2 分		
2	绘制向量图	正确绘制向量图	10	一处错误扣 1 分		

			评分标准				
序号	作业名称	质量要求	分值	扣分标准		扣分原因	得分
3	错误接线功率表达式	根据向量图正确写出错误功率表达式，并计算结果	30	(1) 功率表达式错扣 10 分。 (2) 无计算过程扣 10 分。 (3) 结果错扣 10 分			
4	正确接线功率表达式	$P = \sqrt{3}UI\cos\varphi$	10	功率表达式错扣 10 分			
5	计算更正系数	正确计算更正系数	20	(1) 公式列错扣 10 分。 (2) 计算结果错扣 10 分			
6	更正率	更正率：$\varepsilon_P = (K_P - 1) \times 100\%$ 计算正确	10	(1) 公式错扣 5 分。 (2) 结论错扣 5 分			
7	追补电量	计算结果正确	10	追补电量计算错扣 10 分			
考试开始时间				考试结束时间		合计	
考生栏	编号：　　姓名：			所在岗位：　　单位：		日期：	
考评员栏	成绩：　　考评员：				考评组长：		

电费收缴及账务管理业务

一、操作

1. 工器具、材料、设备

(1) 工器具：碳素笔（红、蓝或黑笔）、计算器。

(2) 材料：工作证件、业务工作单、现金交款单如图 CH507 所示。

(3) 设备：SG186 营销业务模拟系统、计算机 1 台/工位。

2. 注意事项

注意资金安全。

3. 步骤与要求

(1) 步骤。

1) 根据分配的工号和密码，登录 SG186 营销业务模拟系统。

2) 在 SG186 营销业务模拟系统内，对某户的缴费档案进行更改（或只更改欠费部分的缴费方式），将原来的缴费方式更改为金融机构代收，且错收×××元现金，并进行全额退费处理操作（或者考核冲红）。

3) 对某两户以一张金额为 5 万元的进账单分别收取 2 万元和 3 万元，且资金已到账，到账信息：银行票据号码为"××××"，票据银行为"××××"，收取金额全额销账。

4) 对某户以现金收取×××元，并对该用户的违约金申请全额缓交至××××年××月××日。

5) 解款银行错选为工商银行，并更正为建设银行。

6) 填写现金交款单，将当日所收的现金存入公司电费资金专用账户。其中，交款人为考生考号，收款单位为湖北省电力公司××××供电公司，账号为××××。

7) 统计日终业务报表，并完成相应审批工作。

8) 清理现场，文明作业。

(2) 要求。

1) 在 SG186 营销业务模拟系统内，完成电费收缴及账务管理相关流程。

2) 认真完成每一项操作步骤。

二、考核

1. 考核场地

(1) 每组操作面积不小于 2000mm×2000mm，场地面积能同时容纳 4 组计算机。

(2) 每个工位配有考生书写桌椅。

(3) 设置 4 套评判桌椅和计时秒表。

2. 考核要点

(1) 电费收缴及账务管理业务各步骤操作正确。

(2) 报表统计审批准确。

(3) 安全文明生产。

3. 考核时间

(1) 考核时间为 10min。

(2) 考核前准备工作不计入考核总时间内。

(3) 许可开工后开始计时，到时停止操作。

三、评分参考标准

行业：电力工程　　　　　工种：抄表核算收费工　　　　　等级：二

编号	CH210	行为领域	e	鉴定范围	
考核时间	10min	题型	C	含权题分	15
试题名称	电费收缴及账务管理业务				
考核要点及其要求	(1) 电费收缴及账务管理业务各步骤操作正确。 (2) 报表统计审批准确。 (3) 安全文明生产				
现场设备、工具、材料	(1) 工器具：碳素笔（红、蓝或黑笔）、计算器。 (2) 材料：工作证件、业务工作单、现金交款单。 (3) 设备：SG186 营销业务模拟系统、计算机 1 台/工位				
备注					
评分标准					

序号	作业名称	质量要求	分值	扣分标准	扣分原因	得分
1	缴费方式	正确完成缴费方式更改	8	未完成缴费方式更改扣 8 分		

		评分标准				
序号	作业名称	质量要求	分值	扣分标准	扣分原因	得分
2	冲正（或冲红）	完成错收电费并进行退款（或退预收电费）	10	未完成错收电费并退款扣10分（或未完成退预收电费扣10分）		
3	进账单收费	正确用进账单收取两户电费	16	未完成一户进账单缴费扣8分，共计2户		
4	现金收费	正确用现金收取一户电费	8	未完成一户现金缴费扣8分		
5	违约金暂缓	正确完成违约金暂缓申请处理	10	未完成违约金暂缓申请处理扣10分		
6	解款	先解款至错误银行，然后对解款银行进行更正	10	未解款成功扣10分		
7	现金交款单	正确填写现金交款单	10	(1) 未正确填写币种扣1分。(2) 未正确填写日期扣1分。(3) 未正确填写收款单位扣1分。(4) 未正确填写交款人扣1分。(5) 未正确填写账号扣1分。(6) 未正确填写款项来源扣1分。(7) 未正确填写大写金额扣3分。(8) 未正确填写小写金额扣1分		
8	报表	正确统计相关收费报表，并进行审批	24	(1) 未统计相关收费报表扣14分。(2) 未对报表进行审批扣10分		
9	安全文明生产	文明操作，禁止违规操作，不损坏工器具，不发生安全生产事故	4	(1) 有不安全行为扣1分。(2) 有违规行为扣2分。(3) 有损坏工器具行为扣1分		
考试开始时间			考试结束时间		合计	
考生栏	编号：	姓名：	所在岗位：	单位：	日期：	
考评员栏	成绩：	考评员：		考评组长：		

一、操作

1. 工器具、材料、设备

（1）工器具：碳素笔（红、蓝或黑笔）、计算器。

（2）材料：答题试卷、白纸。

（3）设备：桌椅1套/工位。

2. 注意事项

（1）考前出示证件，遵守考场规定。

（2）着装整洁，准考证、身份证齐全。

（3）按时独立完成。

（4）根据计算结果，比较分析影响售电结构变化的主要因素。

3. 步骤与要求

（1）步骤。

1）根据本、同期售电量及增减值，分别计算售电量增减幅度、各分类电量占售电量增减比例、增长贡献率、本、同期分类电量结构和分类结构同比增减幅度。

2）计算同比增减幅度 A：同比增减幅度 $A=$（本期售电量－同期售电量）/同期售电量$\times100\%$。

3）计算各分类电量占各售电量增减比例 B：占售电量增减比例 $B=$（本期分类售电量－同期分类售电量）/（本期总售电量－同期总售电量）$\times100\%$。

4）计算分类售电增长贡献率 C：增长贡献率 $C=$分类电量占售电量增减比例$\times$总售电量同比增减幅度 A。

5）计算某企业本期分类电量比重 D：本期分类电量比重 $D=$本期分类售电量/本期总售电量$\times100\%$。

6）计算某企业同期分类电量比重 E：同期分类电量比重 $E=$同期分类售电量/同期总售电量$\times100\%$。

7）计算分类结构同比增减幅度 F：同比增减幅度 $F=$本期分类电量比重 $D-$

同期分类电量比重 E。

8）比较各分类电量增减绝对值和增长贡献率，找出其中数值靠前的两个因素，并对该分类售电量增减比例求和。

（2）要求。

1）现场工作服，着装整洁，准考证、身份证。

2）独立完成。

3）错误数据使用划红线更正法进行更正。

（3）范例。

某供电企业本期、同期售电量及增减情况见表CH211，分析计算增减幅度、增长贡献率等数值，并找出影响售电均价变化的主要因素。

表 CH211 某供电企业售电量情况统计表 单位：kWh

类别	本期累计	同期累计	增减	增幅 $A(\%)$	增长贡献率 $C(\%)$	占售电量增加比例 $B(\%)$	占本年售电量比例 $D(\%)$	占去年售电量比例 $E(\%)$	增幅 F $(\%)$
大工业	390 427.72	353 210.52	37 217.2	10.54	5.80	56.31	55.17	55.05	0.12
非普	53 752.91	52 497.32	1255.585	2.39	0.20	1.90	7.60	8.18	−0.59
居民	169 539.01	149 653.39	19 885.62	13.29	3.10	30.09	23.96	23.32	0.63
非居	16 496.12	15 193.24	1302.881	8.58	0.34	1.97	2.33	2.37	−0.04
商业	34 821.55	29 800.48	5021.062	16.85	0.78	7.60	4.92	4.64	0.28
趸售	1721.46	1472.13	249.3289	16.94	0.04	0.38	0.24	0.23	0.01
农业生产	13 258.47	11 395.11	1863.354	16.35	0.29	2.82	1.87	1.78	0.10
农业排灌	27 682.49	28 385.70	−703.215	−2.48	−0.11	−1.06	3.91	4.42	−0.51
合计	707 699.73	641 607.89	66 091.77	10.30	—	100.00	100.00	100.00	—

解：数据计算（计算数据填入表格）。

　　　大工业的增幅 A＝37 217.2/353 210.52×100%＝10.54%

大工业占售电量增减比例 B＝（390 427.72−353 210.52）/

　　　　　　　（707 699.73−641 607.89）×100%＝56.31%

　　大工业增长贡献率（%）C＝56.31%×10.30%＝5.80%

　大工业本期分类电量比重 D＝390 427.72/707 699.73×100%＝55.17%

　大工业同期分类电量比重 E＝353 210.52/641 607.89×100%＝55.05%

　　大工业分类结构同比增减幅度 F＝55.17%−55.05%＝0.12%

答：影响售电均价变化的主要因素大工业和居民生活用电的（绝对值）快速增长是该供电企业售电量增长的决定性因数，两类用电增长量占全口径增长量的 86.40%。

二、考核

1. 考核场地

（1）每个工位场地面积 2000mm×2000mm，可容纳 4 个工位同时操作。

（2）每个工位配有考生书写桌椅。

（3）设置 4 套评判桌椅和计时秒表。

2. 考核要点

（1）售电量增减定量分析。

（2）售电结构变化定量分析。

（3）分析引起售电量增减的主要结构因素。

（4）分析数据计算结论正确。

3. 考核时间

（1）考核时间为 10min。

（2）许可答题时开始计时，到时停止操作。

三、评分参考标准

行业：电力工程　　　　　　工种：抄表核算收费工　　　　　　等级：二

编号	CH211	行为领域	e	鉴定范围	
考核时间	10min	题型	A	含权题分	15
试题名称	售电结构变化分析				
考核要点 及其要求	（1）售电量增减定量分析。 （2）售电结构变化定量分析。 （3）分析引起售电量增减的主要结构因素。 （4）分析数据计算结论正确				
现场设备、 工具、材料	（1）工器具：碳素笔（红、蓝或黑笔）、计算器。 （2）材料：答题试卷、白纸。 （3）设备：桌椅 1 套/工位				
备注					
评分标准					

序号	作业名称	质量要求	分值	扣分标准	扣分 原因	得分
1	售电量增减 定量分析	正确计算售电量同比增减 幅度	18	每个计算结果错误扣 2 分		

				评分标准			
序号	作业名称	质量要求	分值	扣分标准		扣分原因	得分
2	售电结构变化定量分析1	正确计算各分类电量占各售电量增减比例和分类售电增长贡献率	34	每个计算结果错误扣2分			
3	售电结构变化定量分析2	(1)正确计算本期、同期分类电量结构。 (2)正确计算分类结构同比增减幅度	26	每个计算结果错误扣1分			
4	分析引起售电量增减的主要结构因素	(1)找出各分类电量增减绝对值和增长贡献率考前的两个因素。 (2)前两名售电量增减比例求和	12	(1)未正确找出影响变化的关键因素该项不得分。 (2)前两名售电量增减比例求和计算错误扣5分			
5	答题	正确完整答题	5	答题错误扣5分			
6	错误数据更正	使用划红线法进行更正	5	(1)有错误未使用该法更正扣5分。 (2)无错误需要更正该项直接得分			
考试开始时间			考试结束时间			合计	
考生栏	编号： 姓名：		所在岗位：	单位：		日期：	
考评员栏	成绩： 考评员：			考评组长：			

CH212 分析售电结构变化对售电均价的影响

一、操作

1. 工器具、材料、设备

（1）工器具：碳素笔（红、蓝或黑笔）、计算器。

（2）材料：答题试卷、白纸。

（3）设备：桌椅1套/工位。

2. 注意事项

（1）考前出示证件，遵守考场规定。

（2）独立完成；着装整洁，准考证、身份证齐全。

（3）定量计算售电量比例变化影响售电均价变动的数值。

3. 步骤与要求

（1）步骤。

1）根据该企业售电结构，计算各分类售电量占总售电量的比重 A：分类售电量占总售电量比重 A＝分类售电量/总售电量×100％。

2）计算售电收入 B：分类售电收入 B＝分类售电量 A×分类售电单价。总售电收入为各分类售电收入之和。

3）计算售电量比例变化对售电均价的影响其变化影响用 C 表示，则

$$C＝分类售电收入 B/总售电量$$

4）答题完成交卷。

（2）要求。

1）现场工作服，着装整洁，准考证、身份证。

2）独立完成。

3）错误数据使用划红线更正法进行更正。

（3）范例。

某供电企业各类用电平均单价、总售电量及各分类售电量完成情况见表CH212，请计算分类售电量比重、售电收入和售电量比例变化对售电均价的影响，

并分析作答。

表 CH212　　　　　　　　某供电企业各类用电平均单价完成情况

用电类别	单价 (元/MWh)	售电量 (MWh)	比重 A (%)	售电收入 B（元）	售电量比例变化对售电均价的影响 C（元/MW）
大工业	276.75	5 600 000	57.20	1 549 800 000.00	158.30
非普	347.5	1 800 000	18.39	625 500 000.00	63.91
农业生产	216.7	570 000	5.82	123 519 000.00	12.61
居民	344.9	980 000	10.01	338 002 000.00	34.52
非居民	465.00	460 000	4.70	213 900 000.00	21.86
商业服务业	564.00	380 000	3.88	214 320 000.00	21.88
合计	313.08	9 790 000	100.00	3 065 041 000.00	313.08

数据计算（计算数据填入表格）：

大工业售电量比重 $A = 5\,600\,000 / 9\,790\,000 \times 100\% = 52\%$

大工业售电收入 $B = 276.75 \times 5\,600\,000 = 1\,549\,800\,000.00$（元）

大工业售电量比例变化对售电均价的影响 $C = 1\,549\,800\,000 / 9\,790\,000 = 158.30$（元/MW）

二、考核

1. 考核场地

(1) 每个工位场地面积 2000mm×2000mm，可容纳 4 个工位同时操作。

(2) 每个工位配有考生书写桌椅。

(3) 设置 4 套评判桌椅和计时秒表。

2. 考核要点

(1) 根据售电结构计算分类电量。

(2) 根据分类电量和售电单价计算售电收入。

(3) 分析售电量比例变化影响售电均价的变动。

(4) 分析数据计算结论正确。

3. 考核时间

(1) 考核时间为 20min。

(2) 许可答题时开始计时，到时停止操作。

三、评分参考标准

行业：电力工程　　　　　　工种：抄表核算收费工　　　　　　等级：二

编号	CH212	行为领域		e	鉴定范围	
考核时间	20min	题型		A	含权题分	25
试题名称	分析售电结构变化对售电均价的影响					
考核要点及其要求	(1) 计算各分类售电量占总售电量比重。 (2) 根据分类电量和售电单价计算售电收入。 (3) 分析售电量比例变化影响售电均价的变动。 (4) 分析数据计算结论正确					
现场设备、工具、材料	(1) 工器具：碳素笔（红、蓝或黑笔）、计算器。 (2) 材料：答题试卷、白纸。 (3) 设备：桌椅 1 套/工位					
备注						

			评分标准				
序号	作业名称	质量要求		分值	扣分标准	扣分原因	得分
1	计算分类电量	正确计算各分类售电量占总售电量比重		21	每个计算结果错误扣 3 分		
2	计算售电收入	正确计算分类售电收入和总售电收入		28	每个计算结果错误扣 4 分		
3	分析售电量比例变化影响售电均价的变动	正确计算各分类售电结构变动影响		35	每个计算结果错误扣 5 分		
4	答题	正确完整答题		10	答题错误扣 10 分		
5	错误数据更正	使用划红线法进行更正		6	(1) 有错误未使用该法更正扣 6 分。 (2) 无错误需要更正该项直接得分		
考试开始时间				考试结束时间		合计	
考生栏	编号：　　　姓名：		所在岗位：		单位：	日期：	
考评员栏	成绩：　　　考评员：				考评组长：		

营销业务工作单（二）

×电营标1-2

传单编号＿＿＿＿＿＿＿

申请编号＿＿＿＿＿＿＿

供电公司＿＿＿＿＿＿＿

供电营业所＿＿＿＿＿＿＿　　　年　月　日发单

业务内别（标记）	新装（　）	变更（　）
	换表（　）	其他（　）

客户名称							客户编号	
电地址							行业分类	
联系人							联系人	
用电类别							用电容量	

		厂家	型号	止码				
	原电能表				伏/安	相/线	表号/或表条码	
		厂家	型号	止码				
	新电能表				伏/安	相/线	表号/或表条码	
		厂家	型号					
	原互感器			编号	精度	额定变比		
		厂家	型号					
	新互感器			编号	度	额定变比		

事由

现场核实（勘查）意见：
经办人签字：　年　月　日

审核意见：
审核人签字（盖章）：　年　月　日

批准意见：
批准人签字（盖章）：　年　月　日

处理结果

客户签（章）
　年　月　日

参 考 文 献

[1] 劳动和社会保障部职业技能鉴定中心. 国家职业技能鉴定教程. 北京：广播学院出版社，2003.

[2] 电力行业职业技能鉴定指导中心. 抄表核算收费. 2版. 北京：中国电力出版社，2008.

[3] 国家电网公司人力资源部. 国家电网公司生产技能职业能力培训专用教材：抄表核算收费. 北京：中国电力出版社，2010.

[4] 湖北省电力公司. 农网配电营业工技能操作规范. 北京：中国电力出版社，2013.

[5] 国家电网公司. 电力营销法律法规知识. 北京：中国电力出版社，2002.

[6] 国家电网公司. 电力营销基本业务与技能. 北京：中国电力出版社，2002.

[7] 国家经济贸易委员会. 电能计量装置技术管理规定. 北京：中国电力出版社，2002.